计算机类精品系列教材

因特网技术与应用

郭鸿志　主　编

王佳黛　谭雅文　陈　昕　副主编

电子工业出版社·

Publishing House of Electronics Industry

北京·BEIJING

内 容 简 介

本书作为因特网技术与应用教材，介绍了因特网最新的技术与常用的应用。书中内容共 11 章，分为三大部分。第一部分是网络基础，包括第 1 章和第 2 章。第 1 章是概述，第 2 章是接入因特网。第二部分是网络服务的配置与管理，包括第 3 章至第 9 章。第 3 章是因特网的通用语言——TCP/IP 协议，第 4 章是 DHCP 服务器，第 5 章是 DNS 服务器，第 6 章是因特网信息服务，第 7 章是邮件服务，第 8 章是远程访问服务，第 9 章是路由服务。第三部分是网站设计与编程，包括第 10 章和第 11 章。第 10 章是 HTML，第 11 章是动态网页技术。除了以上内容，书中还介绍了大量的实验和实践内容。

本书既可作为高等学校计算机、电子工程等相关专业本、专科生实验教材，又可作为网络技术培训学员、网络管理员、广大网络技术爱好者以及专业网络研究人员的参考书。

图书在版编目（CIP）数据

因特网技术与应用 / 郭鸿志主编. —北京：电子工业出版社，2023.10

ISBN 978-7-121-46508-6

Ⅰ. ①因… Ⅱ. ①郭… Ⅲ. ①互联网络—教材 Ⅳ. ①TP393.4

中国国家版本馆 CIP 数据核字（2023）第 198057 号

责任编辑：路　越
印　　刷：天津千鹤文化传播有限公司
装　　订：天津千鹤文化传播有限公司
出版发行：电子工业出版社
　　　　　北京市海淀区万寿路 173 信箱　　　邮编：100036
开　　本：787×1092　　1/16　　印张：12.75　　字数：327 千字
版　　次：2023 年 10 月第 1 版
印　　次：2023 年 10 月第 1 次印刷
定　　价：49.80 元

凡所购买电子工业出版社图书有缺损问题，请向购买书店调换。若书店售缺，请与本社发行部联系，联系及邮购电话：（010）88254888，88258888。

质量投诉请发邮件至 zlts@phei.com.cn，盗版侵权举报请发邮件至 dbqq@phei.com.cn。

本书咨询联系方式：mengyu@phei.com.cn。

前　言

为了引导读者全面了解因特网技术与应用知识，面向高等学校相关专业本、专科生、网络技术培训的教师和学员、系统管理员、网络管理员和广大网络技术爱好者，作者专门编写了本书。本书全面地介绍了目前因特网中常见的技术与应用。

本书从实际教学出发，将知识体系从易到难进行编排。本书的最大特点是通过大量的实例，讲解了网络中丰富多样的实际操作内容，读者在完整地学习完书中的内容后，可以自己设计并管理一个大型的局域网，并将该局域网接入因特网。本书解决了教学中理论与实际脱节的问题。

本书内容全面，共 11 章，分为三大部分。第一部分是网络基础，包括第 1 章和第 2 章，主要介绍了网络的软硬件基础、网络参考模型、各种网络类型及其特点，网络中的协议、网络互联设备。第二部分是网络服务的配置与管理，包括第 3 章至第 9 章，详细介绍了各种网络服务器的配置与管理，包括 TCP/IP 协议的详解，DHCP 服务器、DNS 服务器、Web 服务器、FTP 服务器、电子邮件服务器、远程访问服务、路由服务的配置，涵盖了目前所有因特网上提供的信息服务内容。第三部分是网站设计与编程，包括第 10 章和第 11 章，详细介绍了 HTML，各种动态网页技术。除了以上内容，书中还介绍了大量的实验和实践内容，以便读者在学习理论知识的同时进行一些实践性的训练，从而进一步掌握知识。

感谢西北工业大学网络空间安全学院的慕德俊教授、刘家佳教授、毛伯敏教授、张尚伟副教授、荀毅杰副教授等对本书提出的宝贵意见和建议。其他参与本书审阅编写等工作的还有孔令君、肖敏、田娜、袁佳宝等，这里一并表示感谢！

由于作者水平有限，书中难免存在疏漏之处，恳请广大同行和读者指正，作者将在下一版中进行改正。作者的电子邮箱是 hongzhi.guo@nwpu.edu.cn。

郭鸿志

西北工业大学

目　录

第 1 章

概论

1.1 网络的概念

1.1.1 计算机网络的发展

计算机网络近年来获得了飞速的发展。几十年前,只有少数人接触过网络;现在,计算机通信已成为社会结构的一个基本组成部分。网络被用于工商业的各个方面,包括广告宣传、生产、发运、计划、报价和会计工作等。绝大多数公司拥有多个网络。从小学到研究生教育的各级学校,都使用计算机网络为教师和学生提供全球范围的联网图书信息的即时检索。各级政府使用网络,各种军事单位也使用网络。简而言之,计算机网络已遍布各个领域。

全球因特网的持续发展是网络领域最令人感兴趣的现象之一。20 世纪 90 年代,因特网仅是一个只有几十个站点的研究项目,而今天,因特网已成为一个连接所有国家、亿万人的通信系统。在世界各国,因特网连接了大多数的企业、社区学院和大学,以及政府办公室。另外,许多个人居民也能通过拨号网络与因特网相连,而且新技术正在提供更高带宽的服务。因特网对社会造成的冲击在杂志和电视的广告中可见一斑,这些广告经常附带一个因特网站地址,浏览者从该网站可以获得有关所宣传的产品或服务的信息。

网络的发展也是经济上的一个推动。数据网络使个人化的远程通信成为可能,并改变了商业通信的模式。一个完整的用于发展网络技术、网络产品和网络服务的新兴工业已经形成,计算机网络的普及性和重要性已经使不同岗位对具有更多网络知识的人才的需求量大量增加。企业需要雇员规划、获取、安装、操作、管理构成计算机网络和因特网的软硬件系统。另外,计算机编程已不再局限于个人计算机(PC),而是要求程序员设计并实现能与其他计算机上的程序通信的应用软件。

1.1.2 计算机网络的概念

在信息化社会中,计算机已从单机使用发展到群集使用。越来越多的应用领域需要计算机在一定地理范围内联合起来协调工作,从而促进计算机技术和通信技术的紧密结合,产生计算机网络。计算机网络是将若干台地理位置不同,且具有独立功能的计算机通过通信设备和线路连接起来,以实现信息传送和资源共享的一种计算机系统。也就是说,计算机网络通过有线和无线的通信线路,将分布在不同地理位置上的计算机连接起来,不仅能使网络中的计算机进行通信,还能实现资源共享。网络资源包括硬件资源、软件资源和数据资源,其中最重要的是数据资源。

计算机网络的应用包含对于企业和对于公众两方面。

- 对于企业：资源共享（网络用户使用网络中的硬件、软件、数据）、高可靠性（在多个计算机上存贮副本）、节约经费（使用高性能计算机建立客户机-服务模型）、通信手段（合作制订计划）。
- 对于公众：访问远程信息（信用卡查询、成绩查询）、个人通信（电子邮件、视频会议）、交互式娱乐（网络游戏、视频点播）。

1.1.3　网络的分类

计算机网络是一个复杂的主题，其中存在许多技术，每种技术各有不同特点。多个组织已经独立地设立了网络标准，彼此不完全兼容。许多企业也已经推出了各种使用非常规网络技术的产品和网络服务。网络变得复杂的原因在于有多种技术可被用来连接两个或多个网络，这会使网络之间有多种可能的连接方式。

计算机网络按传输技术可以分如下两种。

- 广播式网络：仅有一条通信信道，由网络上的所有机器共享。
- 点对点网络：由一对对机器之间的多条连接构成。

计算机网络按规模可以分如下几种。

- 局域网（Local Area Network，LAN）：1km 以内。
- 城域网（Metropolitan Area Network，MAN）：1km～10km。
- 广域网（Wide Area Network，WAN）：10km～1000km。
- 全球网（Global Area Network，GAN）：全球性。

计算机网络按工作方式分如下两种。

- 客户机/服务器型网络（Client/Server）：整个网络上有一台或多台计算机专门负责其他计算机存取所需的档案或其他资源，集中式安全性较高，存取备份容易，档案同步，需要管理员，服务器价格较高。
- 对等网络（Peer-to-Peer）：每台计算机同时扮演客户端与服务器的角色。价格便宜、容易安装与维护，但无法进行集中式管理，数据分散，难以找到所需资源，安全性差，又需要加强对使用者的培训。

计算机网络按传输技术可以分为有线网络和无线网络。

1.1.4　因特网的定义

因特网（Internet 原译为国际互联网）是当今世界上最大的计算机互联网络，也是由路由器和网关，通过通信线路将分布在世界各地的计算机相互连接而成的一个巨大的网络。

因特网的应用：电子邮件、新闻组、文件传输、万维网（World Wide Web，WWW）。

1.1.5　因特网发展的推动——资源共享

计算机可以利用网络访问外设，如一个网络上的计算机都能访问连入该网络的打印机，同样一个网络上的计算机也能共享连入该网络的磁盘上的文件。人们设计网络的最初目的不是共享外设或为人们提供直接使用的通信手段，而是共享大规模的计算能力。

理解这个问题的关键是认识到早期的数字计算机非常昂贵和珍稀。随着计算机技术的进步，出现了具有更大计算能力和存储空间的计算机。美国政府认识到科学技术进步的关键在于计算机，于是资助了大多数的计算机科学和工程的研究，以用于实验数据的分析。然而，许多程序经常需要运行几个小时甚至几天，政府用于研究的预算并不足以为所有科学家和工程师提供所需的计算机资源。

美国国防部高级研究计划署（Advanced Research Projects Agency，ARPA）对缺乏高性能计算机特别关注。ARPA 的许多研究项目需要使用最新的计算机设备，每个研究小组都希望得到各种新机型。到 20 世纪 60 年代末，ARPA 的预算资金已经明显不能满足需求。为寻找一种替代方案，ARPA 开始研究数据联网，在每个研究场所只放置一台计算机，使该计算机和数据网络相连接，并设计相应的软件，使研究者能利用网络上最合适的计算机完成给定的任务。

ARPA 进行联网项目之初就面临着许多挑战。没有人知道怎样建立一个庞大、高效的数据网络或开发应用程序来使用这样的网络。事实上，很多人认为这是不可能的，而有些人则说即使这是可能的，也只是浪费政府的研究经费，甚至一些计算机科学家也对此持怀疑态度，但 ARPA 的联网项目最后被证明是革命性的。ARPA 当时决定采用一种相对较新的联网方式，而这种方式后来成了所有数据网络的基础。ARPA 聚集了众多的精英，并使这些精英致力于网络研究，而由承包商将数据网络设计成一个名为 ARPANET 的运行系统。之后，ARPA 继续资助关于因特网的其他技术、网络应用及互联网技术的研究。

到了 20 世纪 70 年代，互联网技术成为 ARPA 研究的重点，这时早期的因特网已经出现。研究因特网的工作持续到了 20 世纪 80 年代，而因特网在 20 世纪 90 年代获得了商业成功。

1.2　网络拓扑

由于已有多种局域网技术，了解各种具体技术之间的异同是很重要的。为了帮助人们理解网络的相似性，每种网络按照其拓扑结构（Topology）或一般形状分类。本节将主要介绍 4 种局域网中常用的拓扑结构，后面的部分将介绍更多的细节，并给出具体实例。

1.2.1　星型拓扑

如果所有计算机都连在一个中心站点上，那么网络使用了星型拓扑（Star Topology），如图 1-2-1 所示。

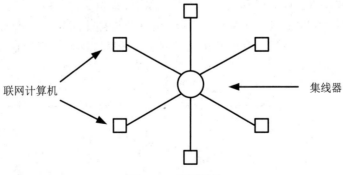

图 1-2-1　星型拓扑

因为星型拓扑像车轮的轮辐，所以星型拓扑的中心通常被称为集线器（Hub）。典型的集线器包括下面这种电子装置，该装置接收发送计算机发送的数据并把该数据传输到合适的目的地。图 1-2-1 给出了一个理想的星型拓扑。实际上，星型拓扑几乎没有集线器与所有计算机都有相同距离的对称形状，相反集线器通常被安放在与所连计算机相分离的地方。计算机被安放在各自的办公室，而集线器被安放在网络管理员那里。

1.2.2 环型拓扑

环型拓扑（Ring Topology）的网络将计算机连接成一个封闭的圆环，一根电缆连接第 1 台计算机与第 2 台计算机，另一根电缆连接第 2 台计算机与第 3 台计算机，以此类推，直到最后一根电缆连接最后一台计算机与第 1 台计算机。因为我们能想象出电缆把计算机连接成一个圆环（见图 1-2-2），所以环型的名字由此产生。环型拓扑又被称为环状拓扑，如同星型拓扑一样，环型拓扑是计算机之间的逻辑连接，而不是物理连接，这是很重要的知识。环型拓扑中的计算机和连接不必安装成一个圆环。事实上，环型拓扑中的一对计算机之间的电缆可以沿着过道或垂直地从大楼的一层到另一层。另外，如果一台计算机远离环中的其他计算机，那么连接远距离计算机的两根电缆可以有相同的物理路径。

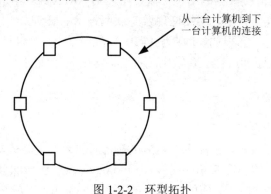

从一台计算机到下一台计算机的连接

图 1-2-2 环型拓扑

1.2.3 总线型拓扑

总线型拓扑（Bus Topology）的网络通常有一根连接计算机的长电缆（实际上，总线型拓扑的末端必须终止，否则电信号会沿着总线反射）。任何连接在总线上的计算机都能通过总线发送信号，并且所有计算机都能接收信号。图 1-2-3 所示为总线型拓扑。由于所有连接在电缆上的计算机都能检测到电子信号，因此任何计算机都能向其他计算机发送数据。当然，连接在总线型拓扑上的计算机必须相互协调，保证在任何时间都只有一台计算机发送信号，否则会发生冲突。

总线（共享电缆）

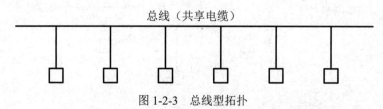

图 1-2-3 总线型拓扑

1.2.4　网状型拓扑

　　网状型拓扑是几种标准网络拓扑的混合形式。网状型拓扑中的任意两个节点之间均有不止一条连接，如图 1-2-4 所示。

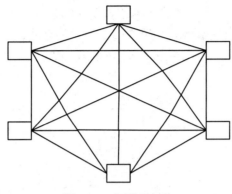

图 1-2-4　网状型拓扑

1.2.5　使用多种拓扑结构的原因

　　每种拓扑结构都有优点与缺点。几种标准拓扑的优劣比较如表 1-2-1 所示。

表 1-2-1　几种标准拓扑的优劣比较

网络拓扑	优点	缺点
星型拓扑	能够集中监测和管理，易于部署，一个节点出现故障不会影响其他节点	如果中心连接设备出现故障，则可能影响整个网络
环型拓扑	所有节点具有同等访问机会，易于扩展，性能稳定均衡	一个节点出现故障会影响整个网络，不易于排查故障
总线型拓扑	结构简单，易于部署和扩建，成本低	不易于排查故障，不能用于高流量的网络
网状型拓扑	系统可靠性高，易于扩展	结构复杂，必须采用路由选择算法与流量控制方法

　　星型拓扑能保护网络不受一根电缆损坏的影响，因为每根电缆只连接一台机器。环型拓扑使计算机之间的协调使用及网络运行状态的检测变得容易。然而，如果其中一根电缆损坏，则整个环型拓扑都会失效。总线型拓扑所需的布线比星型拓扑的少，但是有与环型拓扑一样的缺点：如果总线被切断，则网络会失效。除了本章后面部分，其他章节也会提供网络拓扑的详细实例来表明这些网络拓扑之间的差别。网络拓扑的主要特点总结为网络按照其一般形状被分为多种类别。局域网中使用的基本拓扑是星型拓扑、环型拓扑和总线型拓扑。

1.3　网络软件

1.3.1　接口与服务

　　在设计第一个网络时，人们认为网络硬件是主要考虑的因素，网络软件是次要考虑的因素，但是现在不再这样认为了。

网络软件是高度结构化的，网络通信被分层处理，每层的具体功能有对应的一个或多个软件模块，该功能的提升和重新设计都可以很容易地通过具体的软件模块实现。

网络软件具有灵活性、高效性、可移植性等特点。在网络设计中，网络软件显得越来越重要。

为了减少协议设计的复杂性，大多数网络按层（Layer）或级（Level）的方式组织，每层都建立在下一层之上。不同的网络，层的数量、各层的名称、内容和功能不尽相同。但是，每层的目的都是通过接口向其上一层提供一定的服务，如图1-3-1所示。

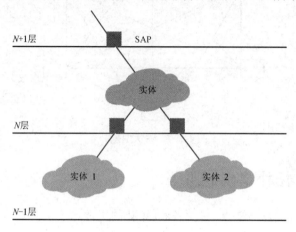

图1-3-1　接口和服务

每层中的活动元素通常被称为实体。实体既可以是软件实体（如一个进程），也可以是硬件实体（如智能芯片）。不同机器上同一层的实体被称为对等实体。N层实体实现的服务为$N+1$层实体所使用。在这种情况下，N层被称为服务提供者，$N+1$层被称为服务用户。

服务访问点（Services Access Point，SAP）是上层访问下层所提供服务的点，N层的SAP就是$N+1$层访问N层服务的地方。每个SAP都有一个唯一的标识该SAP的地址。

相邻层之间要交换信息，接口就必须遵守一致的规则。如图1-3-2所示，在典型的接口上，$N+1$层实体通过SAP把一个接口数据单元（Interface Data Unit，IDU）传递给N层实体。IDU由服务数据单元（Service Data Unit，SDU）和一些控制信息组成。SDU是通过网络传递给对等实体，并交给$N+1$层的信息。控制信息用于帮助下一层完成任务，不是数据的一部分。

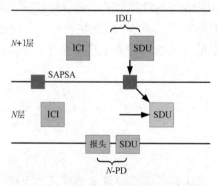

图1-3-2　处于接口两边的两层之间的关系

　　为了传递 SDU，N 层实体可能将 SDU 分成几段，每段加上一个报头后作为独立的协议数据单元（Protocol Data Unit，PDU）送出。例如，分组就是 PDU。PDU 被对等实体用于执行实体之间的同层协议。

1.3.2　原语

　　一个服务通常由一组原语（Primitive）操作来描述，用户进程通过这些原语操作可以访问该服务。这些原语告诉该服务执行某个动作，或者将某个对等体所执行的动作报告给客户。如果协议栈位于操作系统（大多数情况是这样的），则这些服务原语通常是一些系统调用，这些系统调用会进入内核模式，并在内核模式中控制计算机系统，让操作系统发送必要的分组。

　　哪些原语可以使用取决于该原语所提供的服务。针对面向连接服务的原语与针对无连接服务的原语是不同的。举一个最小的服务原语的例子，在客户–服务器环境中，为了实现一个可靠的字节流，可以考虑的原语如图 1-3-3 所示。

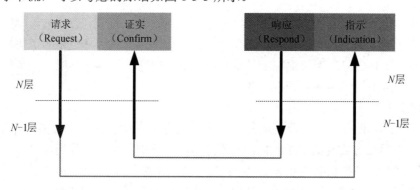

图 1-3-3　4 类服务原语

1.3.3　服务与协议的关系

　　服务与协议是截然不同的概念，但是二者却常常被混淆在一起。服务与协议的区别非常重要，这里有必要强调一下。服务是指某层向其上一层提供的一组原语（操作），定义了该层打算代表该层上一层的用户执行哪些操作，并不涉及如何实现这些操作，涉及两层之间的接口，其中低层是服务提供者，而上层是服务的用户。

　　与服务不同的是，协议是一组规则，用来规定同一层上对等实体之间交换的消息或分组的格式和含义。这些实体利用协议来实现其服务定义，并可以自由地改变协议，但是不能改变服务，因为这些服务对用户是可见的。按照这种方式，服务和协议是完全分离的。

　　换句话说，服务涉及层与层之间的接口，而协议涉及不同机器上对等实体之间发送的分组。请读者不要混淆这两个概念，这是非常重要的。

　　这里用编程语言对这两个概念做一下类比。服务就像面向对象语言中的抽象数据类型或对象，定义了在对象上可以执行的操作，但没有指定这些操作该如何实现。协议涉及服务的具体实现，对该服务的用户是不可见的。

1.4 OSI 参考模型

1.3 节抽象地讨论了分层的网络，现在来看几个具体例子。本节及 1.5 节将讨论两种重要的网络体系结构：OSI 参考模型和 TCP/IP 参考模型。尽管与 OSI 参考模型相关的协议已经很少使用，但是该模型本身是非常通用的，并且仍然有效，每层上的特性也仍然非常重要。TCP/IP 参考模型相比 OSI 参考模型有不同的特点：TCP/IP 参考模型本身并不非常有用，但是协议却被广泛使用。出于这样的原因，下面对这两种模型做详细介绍。

OSI（开放系统互联）参考模型是由国际标准化组织（ISO）于 1984 年提出的一种标准参考模型，是一种关于由不同供应商提供的不同设备和应用软件之间的网络通信的概念性框架结构，被公认为是计算机通信和因特网通信的一种基本结构模型。OSI 参考模型将通信处理过程定义为 7 层，并将网络计算机之间的移动信息任务划分为 7 个更小的、更易管理的任务组。各个任务或任务组被分配到 OSI 参考模型的各层，各层相对独立（Self-contained），从而使得分配到各层的任务能够独立实现。这样当其中一层提供的某解决方案更新时，该层不会影响其他层。

下面将从底层开始，依次介绍 OSI 参考模型中的每一层。注意：OSI 参考模型本身并不是一个网络体系结构，因为其没有定义每层所用到的服务和协议，只是指明了每层应该做些什么事情。然而，ISO 已经为每层制定了相应的标准（但这些标准并不属于参考模型本身），并且这些标准已经作为单独的国际标准发布了。

1）物理层

物理层（Physical Layer）涉及在通信信道上传输的原始数据位，设计时必须保证当一方发送了"1"，在另一方收到的也是"1"，而不是"0"。这里的典型设计问题是：应该用多少伏的电压表示"1"；多少伏的电压表示"0"；每位持续多少纳秒（ns）；传输过程是否在两个方向上同时进行；如何建立初始连接；当双方结束之后如何撤销连接；网络连接器有多少针及每针的用途是什么。这里的设计问题主要涉及机械、电子和定时接口（Timing Interface），以及位于物理层之下的物理传输介质等。

2）数据链路层

数据链路层（Data Link Layer，DLL）的主要任务是将一个原始的传输设施转变成一条逻辑的传输线路，在这条传输线路上，所有未被检测出来的传输错误也会反映到网络层上。数据链路层完成这项任务的做法：先让发送方拆开输入的数据，并分装到数据帧（Data Frame，通常为几百或几千字节）中，再顺序地传送这些数据帧，如果是可靠的服务，则接收方必须确认每一帧都已经正确地接收，即给发送方送回一个确认帧（Acknowledgement Frame）。

数据链路层存在的一个问题（大多数较上层都存在这样的问题）是如何避免一个快速的发送方"淹没"一个慢速的接收方。解决这个问题往往需要一种流量调节机制，以便让发送方知道接收方当前时刻有多大的缓存空间。通常情况下，这种流量调节机制与错误处理机制集成在一起。

对于广播式网络，数据链路层存在的另一个问题是如何控制对共享信道的访问。数据链路层的一个特殊子层，即介质访问控制子层，就是专门解决这个问题的。

3）网络层

网络层（Network Layer）控制子网的运行过程。网络层的一个关键的设计问题是确定如何将分组从源端路由到目标端。从源端到目标端的路径可以建立在静态表的基础上，这些表相当于网络的"布线"图，而且很少发生变化。这些路径也可以在每次会话开始时就确定下来，如一次终端会话（登录到一台远程机器上）。另外，这些路径也可以是高度动态的，针对每个分组都要重新确定路径，以便符合网络当前的负载情况。

如果有较多的分组同时出现在一个子网中，那么这些分组彼此会相互妨碍，从而形成传输瓶颈。拥塞控制属于网络层的范畴。更进一步地讲，网络所提供的服务质量（如延迟、传输时间、抖动等）也是网络层考虑的问题。

当一个分组必须从一个网络传输到另一个网络才能到达目的地时，可能会发生很多问题。例如，第 2 个网络所使用的编址方案可能与第 1 个网络的不同；第 2 个网络可能不接收这个分组，因为该分组太大了；两个网络所使用的协议可能不一样；等等。网络层应负责解决这些问题，从而允许不同种类的网络可以相互连接。

在广播式网络中，路由问题比较简单，所以网络层往往比较薄，甚至不存在。

4）传输层

传输层（Transport Layer）的基本功能是先接收来自上一层的数据，并且在必要时把这些数据分割成小的单元，再把数据单元传递给网络层，并且确保这些数据单元都能正确地到达另一端。这些工作都必须高效率地完成，并且必须使上面各层不受底层硬件技术变化的影响。

传输层决定了向会话层（实际上最终是向网络上的用户）提供哪种类型的服务。其中，最为常见的类型是传输连接。传输连接是一个完全无错（Error-free）的点到点信道，此信道按照原始发送的顺序传输报文或字节数据。然而，也可能存在其他类型的传输服务，如传输独立的报文（不保证传输的顺序）、将报文广播给多个目标等。服务的类型是在建立连接时就确定下来的（顺便说一下，真正完全无错的信道是不可能实现的，这个术语的真正含义是指错误的发生率足够小，以至于在实践中可以忽略这样的错误）。

传输层是一个真正的端到端的层，所有的处理都是按照从源端到目标端来进行的。换句话说，源机器上的一个程序利用报文头与控制信息，与目标机器上的一个类似的程序进行对话。在传输层下面的各层上，每个协议只存在于每台机器与这些机器的直接邻居之间，而不存在于最终的源机器和目标机器之间，这是因为源机器和目标机器可能被许多中间路由器隔离开了。第 1 层至第 3 层是被串连起来的，而第 4 层至第 7 层是端到端的。

5）会话层

会话层（Session Layer）允许不同机器上的用户之间建立会话。所谓会话，通常指各种服务，包括对话控制（Dialog Control，记录下由谁来传递数据）、令牌管理（Token Management，禁止两方同时执行同一个关键操作），以及同步（Synchronization，在一个长的传输过程中设置一些检查点，以便系统崩溃之后还能在崩溃前的点上继续执行）功能。

6）表示层

在表示层下面的各层中，最关注的是如何传递数据位，而表示层（Presentation Layer）关注的是所传递的信息的语法和语义。不同的计算机可能使用不同的数据表示法，为了让这些计算机能够进行通信，这些计算机所交换的数据结构必须以一种抽象的方式来定义。表示层还应该定义一种标准的编码方法，用来表达网络线路上所传递的数据。表示层管理这些抽象的数据结构，并允许定义和交换更高层的数据结构（如银行账户记录）。

7）应用层

应用层（Application Layer）包含各种各样的协议，这些协议往往直接针对用户的需要。超文本传输协议（HyperText Transfer Protocol，HTTP）是一个广泛使用的应用协议，也是万维网（World Wide Web，WWW）的基础协议。当浏览器请求一个 Web 页面时，浏览器利用 HTTP 将所要页面的名字发送给服务器，随后服务器将该页面发送给浏览器。还有一些应用协议用于文件传输、电子邮件及网络新闻等。

1.5　TCP/IP 参考模型

由于种种原因，OSI 参考模型没能成为真正应用在工业技术中的网络体系结构。在网络发展的初期，网络覆盖的地域范围非常有限，而且主要用途也只是为美国国防部和军方科研机构提供服务。随着民用化发展，网络通过电话线路可以连接大学等单位，如果需要通过卫星和微波网络进行网络扩展，则军用网络中原有技术标准已经不能满足网络日益民用化和网络互连的需求，因此设计一套以无缝方式实现各种网络之间互连的技术标准被提到议事日程上。这一网络体系结构就是 TCP/IP 参考模型。TCP/IP 参考模型是于 1974 年首先被定义的，而其设计标准的制定则在 20 世纪 80 年代后期完成。

TCP/IP 参考模型也是一种层次结构，分为 4 层，分别为主机至网络层、互联网层、传输层、应用层。各层能实现特定的功能，提供特定的服务和访问接口，并具有相对的独立性。

1）主机至网络层

主机至网络层是 TCP/IP 参考模型中的第 1 层，相当于 OSI 参考模型中的物理层和数据链路层，功能是将数据从主机发送到网络上。与应用邮政系统类比，主机至网络层中比特流的传输相当于信件的运送。

TCP/IP 参考模型并没有明确规定主机至网络层应该有哪些内容，只是指出主机必须通过某个协议连接到网络上，以便可以将分组发送到网络上。TCP/IP 参考模型没有定义这样的协议，而且不同的主机、网络使用的协议也不尽相同。关于 TCP/IP 参考模型的书和文章很少讨论主机至网络层上的协议。

2）互联网层

互联网层（Internet Layer）是 TCP/IP 参考模型中的第 2 层。人们最初希望当网络中部分设备不能正常运行时，网络服务不被中断，已经建立的网络连接依然可以有效地传输数据。换言之，只要源主机和目标主机处于正常状态，就要求网络可以完成传输任务。互联网层正是在这些苛刻的设计目标下选择了分组交换网络，并以一个无连接的互连网络层为基础。

互联网层是将整个网络体系结构贯穿在一起的关键层。互联网层的任务是允许主机将分组发送到任何网络上，并且让这些分组独立地到达目标端（目标端有可能位于不同的网络）。这些分组到达的顺序可能与发送时的顺序不同，在这种情况下，如果必须保证顺序递交，则重新排列这些分组的任务由高层来负责。请读者注意，虽然因特网中包含互联网层，但是这里"互联网"的用法泛指一般含义。这里将互联网层与（缓慢的）邮政系统做一个类比。在某个国家，一个人可以将多封国际信件投递到一个邮箱中，通常情况下，这些信件大多数会被投递到目标国家的正确地址，有可能在沿途会经过一个或多个国际邮件关卡，这对用户来说是完全透明的，而且每个国家有自己的邮戳，信封大小规格也不同，投递的规则也有差异，这些对用户来说都是不可见的。互联网层定义了正式的分组格式和协议，该协议被称为 IP（Internet Protocol）。互联网层的任务是将 IP 分组投递到该去的地方。很显然，分组路由和避免拥塞是这里最主要的问题。由于这些原因，因此可以说 TCP/IP 参考模型的互联网层在功能上类似于 OSI 参考模型的网络层。

3）传输层

在 TCP/IP 参考模型中，现在人们通常将位于互联网层之上的一层称为传输层。传输层的设计目标是允许源和目标主机上的对等体之间进行对话，与 OSI 参考模型的传输层中的情形一样。传输层已经定义了两个端到端的传输协议。

第一个协议是传输控制协议（Transmission Control Protocol，TCP）。该协议是一个可靠的、面向连接的协议，允许从一台机器发出的字节流正确无误地递交到互联网的另一台机器上。TCP 先把输入的字节流分割成单独的小报文，再把这些报文传递给互联网层。在目标方，负责接收数据的 TCP 进程把收到的报文重新装配到输出流中。TCP 协议还负责处理流控制，以便保证一个快速的发送方不会因为发送太多的报文，超出了一个慢速接收方的处理能力，而将其淹没。

第二个协议是用户数据报协议（User Datagram Protocol，UDP）。该协议是一个不可靠的、无连接的协议，主要用于那些"不想要 TCP 协议的序列化或流控制功能，而希望自己提供这些功能"的应用程序。UDP 广泛应用于"只需一次的、客户-服务器类型的请求-应答查询"，以及那些"快速递交比精确递交更加重要"的应用，如传输语音或视频。

4）应用层

TCP/IP 参考模型中没有会话层和表示层，由于当时并不需要这两层，所以没有将其包含进来。通过 OSI 参考模型可以证明这种观点是正确的：对大多数应用来说，这两层并没有用处。

应用层在传输层之上，包含了所有的高层协议。最早的高层协议包括远程终端（Telnet）协议、文件传输协议（File Transfer Protocol，FTP）和简单邮件协议（SMTP）等。OSI 参考模型与 TCP/IP 参考模型的对照如图 1-5-1 所示。远程终端协议允许一台机器上的用户登录到远程的机器上，并且在远程的机器上进行工作。FTP 提供了一种在两台机器之间高效地移动数据的途径。电子邮件最初只是一种文件传输的方法，但是后来为此专门开发了一个协议，即 SMTP。经过多年发展，许多其他的协议也加入了应用层：域名系统（Domain Name System，DNS）将主机名字映射到主机的网络地址；NNTP 用于传递新闻组 Usenet 的新闻；HTTP 用于获取 WWW 上的页面等。

如图 1-5-1 所示，TCP/IP 参考模型的每层都对应 OSI 参考模型中的一层或多层，这样使两种参考模型对网络功能的归类和协议的实现有比较大的不同。

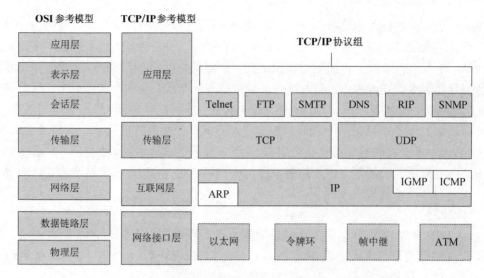

图 1-5-1 OSI 参考模型与 TCP/IP 参考模型的对照

1.6 OSI 参考模型与 TCP/IP 参考模型的比较

OSI 参考模型和 TCP/IP 参考模型有很多共同点，两者都以协议栈的概念为基础，并且协议栈中的协议彼此相互独立，各层的功能大体相似。例如，在这两种模型中，传输层及其以上的各层都为希望进行通信的进程提供一种端到端的、与网络无关的服务，这些层形成了传输提供方。另外，在这两种模型中，传输层以上的各层都是传输服务的用户，也是面向应用的用户。除了这些基本的相似之处，这两种模型也有许多不同的地方。

OSI 参考模型有 3 个核心概念：服务、接口、协议。OSI 参考模型最大的贡献是使这 3 个核心概念的区别变得更加明确了。OSI 参考模型中的每层都为其上一层执行一些服务。服务的定义指明了该层做些什么，而不是上一层的实体如何访问这一层，或者这一层是如何工作的，即服务定义了该层的语义。

每层的接口告诉其上面的进程应该如何访问这一层。接口规定有哪些参数，以及结果是什么，但是并没有说明这一层内部是如何工作的。

每层用到哪个对等协议是该层内部的事情，可以使用任何协议，只要该协议能够完成任务（提供所承诺的服务）就行，也可以随意地改变协议，而不会影响其上面的各层。

这些思想与现代的面向对象的程序设计思想非常吻合。一个对象如同一层，该对象有一组方法（操作），对象之外的过程可以调用这些方法。这些方法的语义规定了该对象所提供的服务集合。方法的参数和结果构成了对象的接口。对象的内部代码是其协议，对于外部是不可见的，也不需要被外界关心。

最初，TCP/IP 参考模型并没有明确地区分服务、接口和协议三者之间的差异。但是，在 TCP/IP 参考模型成型之后，人们已经努力对该模型做了改进，以使该模型更加接近 OSI 参考模型。例如，互联网层提供的真正服务只有发送 IP 分组（Send IP Packet）和接收 IP 分组（Receive IP Packet）。

因此，OSI 参考模型中的协议比 TCP/IP 参考模型中的协议有更好的隐蔽性，当技术发生变化时，OSI 参考模型中的协议相对更加容易被替换为新的协议。最初采用分层协议的主要目的之一就是能够做这样的替换。

OSI 参考模型在协议发明之前就已经产生了。这种顺序关系意味着 OSI 参考模型不会偏向于任何某一组特定的协议，因此该模型更具有通用性。这种做法的缺点是设计者在这方面没有太多经验可以参考，因此不知道哪些功能应该放在哪一层上。

例如，数据链路层最初只处理点到点网络。当广播式网络出现后，必须在模型中嵌入一个新的子层。当人们使用 OSI 参考模型和已有的协议来建立实际的网络时，才发现这些网络并不能很好地匹配所要求的服务规范，因此不得不在模型中加入一些子层，以便提供足够的空间来弥补这些差异。还有，ISO 最初期望每个国家都有一个由政府来运行的网络并使用 OSI 协议，所以根本没有考虑网络互连的问题。总而言之，事情并不像预期的那样。

TCP/IP 参考模型却正好相反，其是在协议发明之后出现的，只是这些已有协议的一个描述而已。所以，协议一定会符合模型。TCP/IP 参考模型与 OSI 参考模型吻合得很好，唯一的问题在于 TCP/IP 参考模型并不适合任何其他的协议栈，因此要想描述其他非 TCP/IP 网络，该模型并不很有用。

现在我们从两种模型的基本思想转到更为具体的方面，TCP/IP 参考模型与 OSI 参考模型之间一个很明显的区别是层的数目：OSI 参考模型有 7 层，而 TCP/IP 参考模型只有 4 层。TCP/IP 参考模型与 OSI 参考模型都有网络层（或互联网层）、传输层和应用层，但是其他的层不同。

TCP/IP 参考模型与 OSI 参考模型的另一个区别在于无连接的和面向连接的通信范围不同。OSI 参考模型的网络层同时支持无连接和面向连接的通信，但是传输层只支持面向连接的通信，这是由该层的特点所决定的（因为传输服务对用户是可见的）。TCP/IP 参考模型的网络层只有一种模式（无连接通信），但是在传输层上同时支持两种通信模式，这样可以给用户一个选择的机会。这种选择机会对于简单的请求-应答协议特别重要。

OSI 参考模型与 TCP/IP 参考模型的比较总结如表 1-6-1 所示。

表 1-6-1　OSI 参考模型与 TCP/IP 参考模型的比较总结

比较项	OSI 参考模型	TCP/IP 参考模型
相似点	都是基于独立的协议栈的概念；层的功能大体相似	
不同点	先有模型后有协议，非常通用，但可能出现协议不匹配模型的情况； 明确地区分了服务、接口和协议，具有更好的隐蔽性； 模型和协议过于复杂；某些功能在多层中重复出现，而某些功能在模型中没有定义； 未被广泛采用	先有协议后有模型，不适合其他协议栈； 没有明确地区分服务、接口和协议； 模型简单但不通用；没有区分物理层和数据链路层，而这两层功能完全不同； 被广泛采用

1.7　习题

一、选择题

1. 计算机网络最核心的功能是（　　）。

　A. 预防病毒　　　　　　　　　　B. 数据通信和资源共享

　C. 信息浏览　　　　　　　　　　D. 下载文件

2. 计算机网络可分为广域网、城域网和局域网，其划分的主要依据是（   ）。
   A. 网络的作用范围   B. 网络的拓扑结构
   C. 网络的通信方式   D. 网络的传输介质

3. 局域网和广域网的差异不仅在于其所覆盖的范围不同，还主要在于（   ）。
   A. 所使用的介质不同   B. 所使用的协议不同
   C. 所能支持的通信量不同   D. 所提供的服务不同

4. 广域网的拓扑结构通常采用（   ）。
   A. 星型拓扑   B. 总线型拓扑
   C. 网状型拓扑   D. 环型拓扑

5. 1968 年 6 月，世界上出现的最早计算机网络是（   ）。
   A. 因特网   B. ARPANET
   C. 以太网   D. 令牌环网

6. 因特网采用的核心技术是（   ）。
   A. TCP/IP 技术   B. 局域网技术
   C. 远程通信技术   D. 光纤技术

7. 协议是指在（   ）之间进行通信的规则或约定。
   A. 同一节点的上下层   B. 不同节点
   C. 相邻实体   D. 对等实体

8. 在 OSI 参考模型中，第 n 层与第 $n+1$ 层的关系是（   ）。
   A. 第 n 层为第 $n+1$ 层提供服务
   B. 第 $n+1$ 层为从第 n 层接收的报文添加一个报头
   C. 第 n 层使用第 $n+1$ 层提供的服务
   D. 第 n 层和第 $n+1$ 层相互没有影响

9. （   ）是计算机网络中 OSI 参考模型的 3 个主要概念。
   A. 服务、接口、协议   B. 结构、模型、交换
   C. 子网、层次、端口   D. 广域网、城域网、局域网

10. 在 OSI 参考模型中，实现端到端的应答、分组排序和流量控制功能的协议层是（   ）。
   A. 会话层   B. 网络层
   C. 传输层   D. 数据链路层

二、填空题

1. 计算机网络按传输技术可以分为_____和_____。

2. _____是当今世界上最大的计算机互联网络，也是由路由器和网关，通过通信线路将分布在世界各地的计算机相互连接而成的一个巨大的网络。

3. 局域网中使用的基本拓扑结构是_____、_____和_____。

4. 不同机器上同一层的实体被称为_____。

三、简答题

1. 简述协议与服务的区别和联系。

2. 简述 OSI 参考模型与 TCP/IP 参考模型的比较。

第 2 章

接入因特网

因特网是由许多不同的网络互相连接组成的巨大网络。在因特网中，只要将主机或网络接入因特网，就可以实现地域更为广泛（可以是国际性的）的软硬件资源的共享。问题出现了：如何让主机或网络接入因特网，以尽情徜徉在这个自由世界中呢？许多不同的网络是如何互相连接组成巨大的因特网的呢？

要想接入因特网，一些软硬件设备是必须的。下面对接入因特网所涉及的相关软硬件设备进行简要的介绍。

2.1 传输介质

在计算机联网的过程中，计算机及网络设备之间需要传输介质进行信息与数据的连接与传输。如果将网络中的计算机比作货站，数据信息比作汽车，那么网络传输介质是不可缺少的公路。网络传输介质可以分为有线介质和无线介质两大类。有线介质包括双绞线、同轴电缆、光纤。无线介质包括无线电波、微波、红外线。

传输介质在 OSI 参考模型中属于物理层的设备。

2.1.1 双绞线

在目前的局域网布线中，双绞线是应用较为广泛的传输介质。无论是家庭、办公室、学生宿舍等小型网络，还是校园网、企业网，都离不开双绞线。双绞线由两根具有绝缘保护层的铜导线组成。把两根绝缘的铜导线按一定密度互相绞在一起，可降低信号干扰的程度，每根导线在传输中辐射的电波会被另一根导线上发出的电波抵消。

双绞线可分为屏蔽双绞线（Shielded Twisted Pair，STP）和非屏蔽双绞线（Unshielded Twisted Pair，UTP）两大类。屏蔽双绞线的外面由一层金属材料包裹，以减小辐射，防止信息被窃听，同时具有较高的数据传输速率（5 类屏蔽双绞线在 100m 内可达到 155Mbit/s，而非屏蔽双绞线只能达到 100Mbit/s）。屏蔽双绞线的价格相对较高，安装时要比非屏蔽双绞线的困难，必须使用特殊的连接器，技术要求也比非屏蔽双绞线的高。与屏蔽双绞线相比，非屏蔽双绞线外面只需一层绝缘胶皮，因此其质量轻、易弯曲、易安装，组网灵活，非常适用于结构化布线，所以在无特殊要求的计算机网络布线中，常使用非屏蔽双绞线。

因为在双绞线中，非屏蔽双绞线的使用率最高，所以如果没有特殊说明，在应用中所指的双绞线一般是指非屏蔽双绞线。非屏蔽双绞线主要有以下几种。

1）3 类双绞线

3 类双绞线指在 ANSI 和 EIA/TIA568 标准中指定的双绞线。3 类双绞线的传输频率为

16MHz，用于语音传输，最高数据传输速率为10Mbit/s，主要用于10Base-T。目前，3类双绞线几乎逐渐从市场上消失。

2）4类双绞线

4类双绞线的传输频率为20MHz，用于语音传输，最高数据传输速率为16Mbit/s，主要用于基于令牌的局域网和10Base-T/100Base-T。4类双绞线在以太网布线中应用很少，以往多用于令牌网的布线，目前市面上基本看不到了。

3）5类双绞线

5类双绞线增加了绕线密度，外套一种高质量的绝缘材料，传输频率为100MHz，用于语音传输，最高数据传输速率为100Mbit/s，主要用于100Base-T和10Base-T网络。5类双绞线已经逐渐被超5类双绞线取代。

4）超5类双绞线

超5类双绞线比5类双绞线的衰减和串扰更小，可提供更坚实的网络基础，满足大多数应用的需求，给网络的安装和测试带来了便利，成了网络应用中较好的解决方案。原标准规定的超5类双绞线的传输特性与普通5类双绞线的相同，只是超5类双绞线的4对线都能实现全双工通信。不过，在之后的发展中，超5类双绞线的带宽已超出了原标准，市面上相继出现了带宽为125MHz和200MHz的超5类双绞线（如美国通贝公司的超5类双绞等），其特性较原标准也有了提高。据有关材料介绍，这些超5类双绞的传输距离已超过了100m的界限，可达到130m，甚至更远。超5类双绞线主要用于1000 Base-T以太网环境。

5）6类双绞线

电信工业协会（TIA）和ISO已经制定了6类双绞线布线标准。该标准规定了布线应达到250MHz的带宽，可以传输语音、数据和视频，足以应付高速和多媒体网络的需要。6类双绞线正逐渐成为主流产品。

6）7类双绞线

ISO在1997年9月宣布要制定7类双绞线标准，建议带宽为600MHz。有关7类双绞的标准已经正式被提出来。

双绞线一般用于星型拓扑布线，每条双绞线通过两端的RJ-45连接器（俗称水晶头）连接各种网络设备。双绞线的标准接法不是随便规定的，目的是保证线缆接头布局的对称性，这样可以使接头内线缆之间的干扰相互抵消。

双绞线连接RJ-45连接器有两种接法：EIA/TIA 568B标准和EIA/TIA 568A标准。

图2-1-1所示为EIA/TIA 568B标准。通常采用EIA/TIA 568B标准，其具体接法如下。

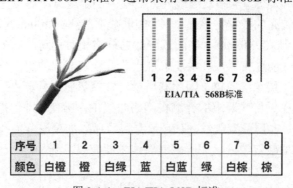

序号	1	2	3	4	5	6	7	8
颜色	白橙	橙	白绿	蓝	白蓝	绿	白棕	棕

图2-1-1 EIA/TIA 568B标准

EIA/TIA 568A 标准在 EIA/TIA 568B 标准的基础上将 1 号和 3 号、2 号和 6 号线进行互换。

两端按 T568B 线序标准连接的双绞线被称为直通缆。一头按 T568A 线序连接，另一头按 T568B 线序连接的双绞线被称为交叉缆。在制作网线时，如果不按标准连接，虽然有时线路能接通，但是不能有效消除线路内部各线对之间的干扰，从而导致信号传输出错率升高，最终影响网络整体性能。只有按规范标准建设，才能保证网络的正常运行，也能给后期的维护工作带来便利。

2.1.2　同轴电缆

广泛使用的同轴电缆有两种：一种为 50Ω（指沿电缆导体各点的电磁电压对电流之比）同轴电缆，用于数字信号的传输，即基带同轴电缆；另一种为 75Ω 同轴电缆，用于宽带模拟信号的传输，即宽带同轴电缆。图 2-1-2 所示为同轴电缆的结构。同轴电缆以内导体铜质芯线为内芯，先外裹一层绝缘材料，再外覆密集网状导体，最外面一层为保护性塑料。金属屏蔽层能将磁场反射回中心导体，也使中心导体不受外界干扰，故同轴电缆比双绞线具有更高的带宽和更好的噪声抑制特性。

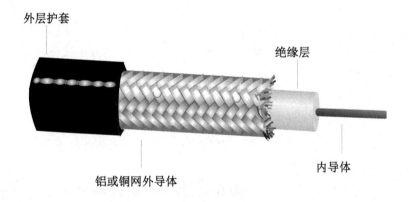

图 2-1-2　同轴电缆的结构

现行以太网同轴电缆的接法有两种：一种为凿孔接头接法，直径为 0.4cm 的 RG-11 粗缆采用此接法；另一种为 T 型头接法，直径为 0.2cm 的 RG-58 细缆采用此接法。粗缆要符合 10Base-5 介质标准，使用时需要一个外接收发器和收发器电缆，单根最大标准长度为 500m，可靠性强，最多可连接 100 台计算机，两台计算机的最小间距为 2.5m。细缆按 10Base-2 介质标准直接连接到网卡的 T 型头连接器（BNC 连接器）上，单段最大长度为 185m，最多可连接 30 个工作站，最小站间距为 0.5m。

2.1.3　光纤

光纤就是光导纤维，是一种细小、柔韧并能传输光信号的介质，一根光缆中包含多条光纤。20 世纪 80 年代初期，光缆开始进入网络布线。光纤比铜质介质具有一些明显的优势。

因为光纤不会向外界辐射电子信号,所以使用光纤介质的网络无论是在安全性、可靠性方面,还是在网络性能方面都有了很大的提高。

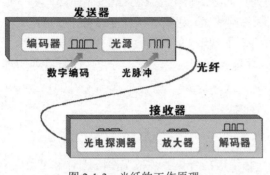

图 2-1-3　光纤的工作原理

光纤通信的主要组成部件有发送器、接收器和光纤,在进行长距离信息传输时还需要中继器。光纤的工作原理如图 2-1-3 所示。在通信过程中,发送器产生光束后将表示数字代码的电信号转变成光信号,并将光信号导入到光纤中进行传播。在另一端,接收器负责接收光纤上传出的光信号,并将该光信号还原为发送前的电信号。为了防止因长距离传输而引起的光能衰减,在大容量、远距离的光纤通信中每隔一定的距离需要设置一个中继器。在实际应用中,光缆的两端都应安装光纤收发器。光纤收发器集成了发送器和接收器的功能,既负责光的发送也负责光的接收。

光纤的结构与同轴电缆的相似,只是没有网状屏蔽层。光纤的结构如图 2-1-4 所示。光纤的中心是光传播的玻璃芯。多模光纤光芯的直径是 15～50μm,大致与人的头发粗细相当。单模光纤光芯的直径为 8～10μm。光芯外面包围着一层折射率比芯低的玻璃封套,以使光纤保持在光芯内;外面的是一层薄的塑料外套,用来保护封套。光纤通常被扎成束,外面有外壳保护。纤芯通常是由石英玻璃制成的横截面积很小的双层同心圆柱体,质地脆,易断裂,因此需要外加保护层。

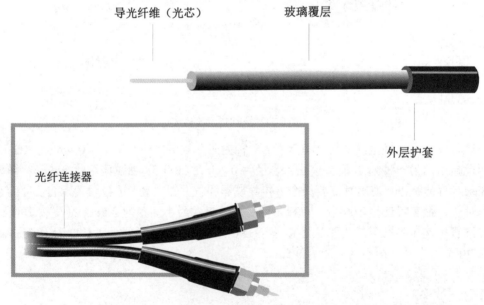

图 2-1-4　光纤的结构

根据传输点模数的不同,光纤分为单模光纤和多模光纤两种("模"是指以一定角速度进入光纤的一束光)。单模光纤采用激光二极管(LD)作为光源,而多模光纤采用发光二极管（LED）作为光源。多模光纤的芯线粗，数据传输速率低、传输距离短，整体的传输性能差，但成本低，一般用于建筑物内或地理位置相邻的环境；单模光纤的纤芯较细，传输频带宽、容量大、传输距离远，但需要激光源，成本较高，通常用于建筑物之间或地域分散的环境。单模光纤是当前计算机网络中研究和应用的重点。

因为光纤具有数据传输速率高（可达几千 Mbit/s），传输距离远（无中继传输距离达几十至上百千米）等特点，所以其在远距离的网络布线中得到了广泛应用。光缆最开始用于集线器到服务器的连接及集线器到集线器的连接，但随着千兆局域网应用的不断普及和光纤产品及设备价格的不断趋于大众化，光纤已经被人们接受。尤其是随着多媒体网络的日益成熟，光纤到桌面（FTTD）将成为网络发展的一个趋势。

局域网布线中一般使用 62.5μm/125μm、50μm/125μm、100μm/140μm 规格的多模光纤和 8.3μm/125μm 规格的单模光纤。

在实际应用中，多使用光缆而不使用光纤，因为光纤只能单向传输信号，所以在局域网中连接两个设备时至少需要使用两根光纤，一根用于发送数据，另一根用于接收数据。布线中直接使用光缆，一根光缆由多根光纤组成，外面加上保护层。局域网中的光纤产品主要包括光纤跳线、布线光缆（包括室内光纤和室外光纤两类）和光纤连接器等。

2.1.4　无线电波

以上各节介绍的均是有线网络中使用的传输介质。从本节起，将介绍无线网络中使用的传输介质。

最常见的无线介质是无线电波，从 1901 年马克尼使用 800kHz 中波信号进行从英国到北美纽芬兰的世界上第一次横跨大西洋的无线电波的通信试验开始，人类就进入了无线通信的时代。无线通信初期，人们使用长波及中波进行通信。20 世纪 20 年代初，人们发现了短波通信，直到 20 世纪 60 年代卫星通信的兴起，短波通信一直是国际远距离通信的主要手段，并且对目前的应急和军事通信仍然起着非常重要的作用。

长波（包括超长波）是频率为 300kHz 以下的无线电波。由于大气层中的电离层对长波有强烈的吸收作用，长波主要靠沿地球表面的地波传播，其传播损耗小，绕射能力强。频率低于 30kHz 的超长波，能绕地球做环球传播。长波传播具有传播稳定，受核爆炸、大气扰动影响小等优点，在海水和土壤中传播，吸收损耗也较小。

中波是频率为 300kHz～3MHz 的无线电波。中波可以通过电离层反射的天波进行传播，也可以通过沿地球表面的地波进行传播。白天，由于电离层的吸收作用大，天波传播不能做有效的反射，主要通过地波进行传播，但地面对中波的吸收比长波的强，而且中波绕射能力比长波差，传播距离比长波短。对于中等功率的广播电台，中波可以传播 300km 左右。晚上，电离层的吸收作用减小，可大大增加传播距离。

短波是频率为 3～30MHz 的无线电波。短波的波长短，沿地球表面传播的地波绕射能力差，传播的有效距离短。短波在通过天波形式进行传播时，在电离层中所受到的吸收作用小，有利于电离层的反射。短波经过一次反射可以得到 100～4000km 的跳跃距离，经过电离层和大地的几次连续反射，传播距离变远。

长波、中波、短波的特点：容易生成，传播距离远，易于穿透建筑物；易受发动机和其他电子设备干扰；特性与频率有关；在高频时趋于直线传播；主要应用于无线电广播和电视广播。

2.1.5　微波

微波是一种无线电波，也是一种具有极高频率（通常为 300MHz～300GHz），波长很短（通常为 1mm～1m）的电磁波，可作为视距或超视距中继通信。微波的最大特点是能够按直线传播，所以微波通信的主要方式是视距通信，超过视距以后需要中继转发。由于地球曲面的影响及空间传输的损耗，每隔 50km 左右，就需要设置中继站，对电波进行放大、转发和延伸。这种中继转发的通信方式被称为微波中继通信或称微波接力通信。长距离微波通信干线可以经过几十次中继而传至数千千米仍可保持很高的通信质量。

微波的特点是沿直线传播，能够提供的信道容量较大且相对便宜，但不能很好地穿透建筑物，具有多路衰弱的特性。微波主要应用于长途电话通信、蜂窝通信和电视传播等方面。

2.1.6　红外线

红外线传输利用人眼看不到的红外线波段的电磁波传输数据。在日常中，我们使用的遥控器都采用红外线技术，该技术硬件成本低、功耗低，对于近距离且连接速度要求不是很高的领域尤为适用。

计算机中的红外线传输比遥控器的复杂得多，红外线传输是由红外线数据协会——IrDA（计算机、通信部门和硬件供应商）统一提出并建立的一个工业标准。

红外线的特点：适合短距离通信，有一定的方向性，发射和接收设备相对便宜且容易制造，不需要申请频率即可使用，穿透性差且几乎不能在室外使用。红外线传输主要应用于遥控器（如电视等）和数字设备（如计算机等）近距离红外通信的场景。

2.2　局域网技术

用户接入因特网一般有两种方法：一种是用户先接入一个局域网，再从局域网接入因特网；另一种是用户先通过拨号或专线的方式接入某个因特网服务提供商（Internet Service Provider，ISP），再接入因特网。ISP 与因特网的连接通常采用广域网连接。下面介绍局域网连接方法。

最常见的局域网形式是以太网。除此之外，局域网形式还有令牌环网、令牌总路线网、无线局域网、蓝牙技术多种形式。下面将对这些网络形式做一个简单的介绍。

1980 年 2 月，电气与电子工程师协会（Institution of Electrical and Electronics Engineers，IEEE）成立了 IEEE 802 委员会。当时 PC 联网刚刚兴起，IEEE 802 委员会针对这一情况制定了一系列局域网标准，即 IEEE 802 系列标准。IEEE 802 系列标准将局域网体系结构划分为 3 层，分别是逻辑链路控制（Logic Link Control，LLC）层、媒体访问控制（Media Access Control，MAC）层和物理层，对应于 OSI 参考模型中最低两层，即物理层和数据链路层。IEEE 802 体系结构如图 2-2-1 所示。

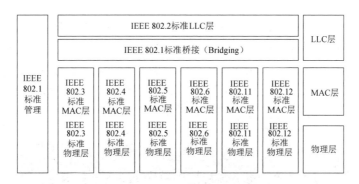

图 2-2-1　IEEE 802 体系结构

IEEE 802 体系结构的工作流程如下。

（1）高层将数据封装好后由高层协议数据单元（Protocol Data Unit，PDU）传输至 LLC 子层数据单元。

（2）LLC 子层将接收的数据加上 LLC 子层首部后作为 LLC 子层的 PDU，传输至 MAC 子层数据单元。

（3）MAC 子层将 LLC 子层的 PDU 加上 MAC 首部及尾部后作为 MAC 子层的 PDU，即 MAC 帧，传输至物理层发送出去。

IEEE 802 系列中的各标准的内容如下。

- IEEE 802.1 标准：局域网/城域网管理、系统负载协议、局域网互联、桥接扩展和虚拟局域网（VLAN）等。
- IEEE 802.2 标准：LLC 子层标准。
- IEEE 802.3 标准：CSMA/CD 媒体访问控制及物理层标准（以太网标准）。
- IEEE 802.4 标准：令牌总线媒体访问控制及物理层标准。
- IEEE 802.5 标准：令牌环媒体访问控制及物理层标准。
- IEEE 802.6 标准：分布式队列双总线（DQDB）访问方式及物理层标准。
- IEEE 802.7 标准：宽带局域网技术。
- IEEE 802.8 标准：光纤技术。
- IEEE 802.9 标准：综合业务局域网（ISLAN）。
- IEEE 802.10 标准：局域网/城域网安全协同标准（SILS）。
- IEEE 802.11 标准：无线局域网的 MAC 层和物理层标准。
- IEEE 802.12 标准：需求优先级访问方式、物理层和中继器标准（Demand Priority Access）。
- IEEE 802.15 标准：无线个人区域网（WPAN）的媒体访问控制和物理层标准。
- IEEE 802.16 标准：宽带无线访问系统的空中接口标准。
- IEEE 802.17 标准：弹性报文环访问方式（Resilient Packet Ring Access Method）和物理层标准。

本书仅介绍 IEEE 802.3 标准至 IEEE 802.5 标准，因为这些标准是较为常见的局域网形式。在介绍 IEEE 802.3 标准至 IEEE 802.5 标准之前，先介绍一个 IEEE 802.3 标准至 IEEE 802.5 标准共同的性质，即 MAC 地址。MAC 地址是网络设备在数据链路层的寻址方式，目的是建立网络设备的全球唯一的标识符，该地址在硬件制造时固化在设备中。在 IEEE 802 系列标准中，通常采用 48bit 的 MAC 地址，用 16 进制表示，每 8bit 为一组，如 00-03-78-1A-00-05。前 3 组为制造商标识，分别由国家号码、制造商号码和工厂号组成；后 3 组为设备编号。

最常见的 MAC 地址是网卡的 MAC 地址，在操作系统中可以查看。例如，在 Windows 10 操作系统中使用 ipconfig/all 命令查看，在 Linux 操作系统中使用 ifconfig 命令查看。图 2-2-2 所示为查看 MAC 地址，是在 Windows Server 2016 操作系统中执行 ipconfig/all 命令的结果。图 2-2-2 中的"物理地址"就是网卡的 MAC 地址。

图 2-2-2　查看 MAC 地址

除了网卡，许多网络设备都有自己的 MAC 地址，如手机。当 GSM 手机接入 IP 网络时，在数据链路层采用国际移动设备识别码，在全球范围内唯一地识别一台手机，可以在手机上通过输入"＊＃06＃"命令查看该码。当 CDMA 手机接入 IP 网络时，数据链路层标识采用电子串号，打开手机后盖可以看到该码。

2.2.1　以太网

我们常说的以太网主要是指以下 3 种不同的局域网技术。

（1）以太网/IEEE 802.3 标准：采用同轴电缆作为网络媒体，数据传输速率达 10Mbit/s。

（2）100Base-T 以太网：又被称为快速以太网，采用双绞线作为网络媒体，数据传输速率达 100Mbit/s。

（3）1000Base-T 以太网：又被称为千兆以太网，采用光缆或双绞线作为网络媒体，数据传输速率达 1000Mbit/s（1Gbit/s），具有高度灵活，相对简单，易于实现的特点，是当今最重要的一种局域网建网技术。虽然其他网络技术也曾经被认为可以取代以太网的地位，但是绝大多数的网络管理人员仍然将以太网作为首选的网络解决方案。为了使以太网更加完善，解决各种问题和局限，一些业界主导厂商和标准制定组织不断地对以太网规范做出修订和改进。也许有的人会认为以太网的扩展性能相对较差，但是以太网所采用的传输机制仍然是目前网络数据传输的重要基础。

以太网由 Xeros 公司在 20 世纪 70 年代最先研制成功，如今以太网一词更多地被用来指各种采用 CSMA/CD 技术的局域网。以太网用于满足非持续性网络数据传输的需要，而 IEEE

802.3 标准则是基于最初的以太网技术于 1980 年制定的。以太网 2.0 版本由 Digital Equipment Corporation、Intel、和 Xeros 三家公司联合开发，与 IEEE 802.3 标准相互兼容。

　　虽然以太网和 IEEE 802.3 标准在很多方面非常相似，但是两种标准之间仍然存在着一定的区别。以太网所提供的服务主要对应于 OSI 参考模型的第 1 层和第 2 层，即物理层和逻辑链路层，而 IEEE 802.3 标准则主要对物理层和逻辑链路层的通道访问部分进行了规定。此外，IEEE 802.3 标准没有定义任何逻辑链路控制协议，但是指定了多种不同的物理层，而以太网只提供了一种物理层协议。以太网的工作原理如下。

　　以太网采用广播机制，所有与网络连接的工作站都可以看到网络上传输的数据，通过查看包含帧中的目标地址，确定接收或拒收，如果确定数据是发送给自己的，则工作站接收数据并将该数据传输给高层协议进行处理。

　　以太网采用 CSMA/CD 媒体访问控制，任何工作站都可以在任何时间访问网络。在发送数据之前，工作站首先侦听网络是否空闲，如果网络上没有传输任何数据，则工作站把要发送的信息投放到网络当中，否则等待网络下一次出现空闲时再发送数据。

　　以太网作为一种基于竞争机制的网络环境，允许任何一台网络设备在网络空闲时发送数据。因为 CSMA/CD 没有集中式的管理措施，所以非常有可能出现多台工作站同时检测到网络处于空闲状态，进而同时向网络发送数据的情况，这时，发出的信息会相互碰撞，导致数据损坏，工作站必须等待一段时间之后重新发送数据。补偿算法用来决定发生碰撞后工作站应在何时重新发送数据帧的问题。

　　以太网的工作原理如图 2-2-3 所示。

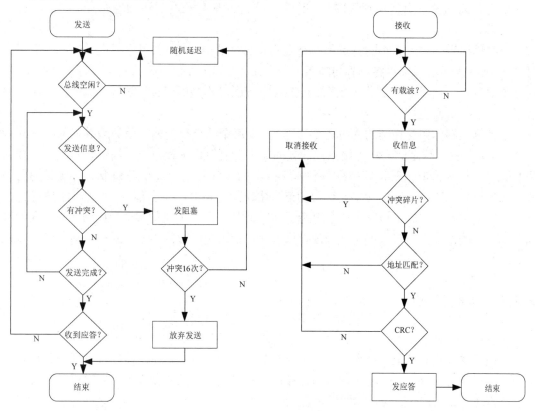

图 2-2-3　以太网的工作原理

2.2.2　令牌总线网

以太网采用的 CSMA/CD 媒体访问控制是总线争用的方式，具有结构简单、在轻负载下延迟小等优点，但随着负载和冲突概率的增加，性能将明显下降。采用令牌环媒体访问控制具有重负载下利用率高、网络性能对距离不敏感及公平访问等优越性能，但环形网结构复杂，存在检错和可靠性等问题。令牌总线媒体访问控制是在综合了以上两种媒体访问控制优点的基础上形成的一种媒体访问控制方法，IEEE 802.4 就是令牌总线媒体访问控制方法的标准。

令牌总线媒体访问控制是将局域网物理总线的站点构成一个逻辑环，每个站点都在一个有序的序列中被指定一个逻辑位置，序列中最后一个站点的后面又跟着第一个站点。每个站点都知道在其之前的前驱站和在其之后的后继站的标识。

在物理结构上，令牌总线网是一种总线结构局的域网，而在逻辑结构上，令牌总线网是一种环形结构的局域网。站点只有取得令牌才能发送帧，而令牌在逻辑环上依次循环传输。

在正常运行时，当站点做完该做的工作或时间终止时，该站点将令牌传输给逻辑序列中的下一个站点。从逻辑上看，令牌是按地址的递减顺序传输至下一个站点的；从物理上看，带有目的地址的令牌帧可以广播到总线上所有的站点，当目的站点识别出符合自身的地址，接收该令牌帧。应该指出，总线上站点的实际顺序与逻辑顺序没有对应关系。

只有收到令牌帧的站点才能将信息帧发送到总线上，这与 CSMA/CD 媒体访问控制不同，令牌总线网不可能产生冲突。由于令牌总线网不可能产生冲突，其信息帧长度只需根据要传输的信息长度来确定，因此没有最短帧的要求。对于 CSMA/CD 媒体访问控制，为了使最远距离的站点也能检测到冲突，需要在实际的信息长度后添加填充位，以满足最短帧的要求。

令牌总线媒体访问控制的特点是站点之间有公平的访问权。如果取得令牌的站点有报文要发送，则先发送报文，再将令牌传输至下一个站点；如果取得令牌的站点没有报文要发送，则立刻把令牌传输至下一站点。由于站点接收令牌的过程是顺序依次进行的，因此对所有站点都有公平的访问权。

令牌总线媒体访问控制的优越之处还体现在，每个站点在传输之前必须等待的时间总量总是"确定"的，这是因为每个站点发送帧的最大长度可以加以限制。当所有站点都有报文要发送时，最坏情况下等待取得令牌和发送报文的时间等于全部令牌和报文传输时间的总和；如果只有一个站点有报文要发送，则最坏情况下等待时间是全部令牌传输时间的总和。对于应用于控制过程的局域网，这个等待访问时间是一个很关键的参数。根据需求，我们可以选定网中的站点数及最大的报文长度，从而保证在限定的时间内，任意一个站点都可以取得令牌。

2.2.3　令牌环网

令牌环网在物理上是由一系列环接口和这些接口之间的点—点链路构成的闭合环路，各站点通过环接口连到网上。对媒体具有访问权的某个发送站点，通过环接口出径链路将数据帧串行到环上；其余各站点边从各自的环接口入径链路逐位接收数据帧，同时通过环接口出径链路再生、转发出去，使数据帧在环上从一个站点到下一个站环行，所寻址的目的站点在数据帧经过时读取其中的信息；数据帧绕环一周返回发送站点，并由发送站点撤除所发送的数据帧。

IEEE 802.5 标准规定了令牌环的 MAC 子层和物理层所使用的 PDU 的格式和协议，还规定了相邻实体间的服务及连接令牌环物理媒体的方法。

令牌环网的操作过程如下。

（1）当网络空闲时，只有一个令牌在环路上绕行。令牌是一个特殊的比特模式，其中包含一个"令牌/数据帧"标志位，标志位为"0"表示该令牌是可用的空令牌，标志位为"1"表示有站点正在占用令牌发送数据帧。

（2）当一个站点要发送数据时，必须等待并获得一个令牌，先将令牌的标志位设置为"1"，再发送数据。

（3）环路中的每个站点边转发数据，边检查数据帧中的目的地址，若是本站点的地址，则读取其中的数据。

（4）当数据帧绕环一周返回时，发送站将其从环路上撤除，并根据返回的有关信息确定所传数据有无错误，若有错误，则重发缓冲区中的待确认帧，否则释放缓冲区中的待确认帧。

（5）发送站点完成数据发送后，重新产生一个令牌并传递至下一个站点，以使其他站点获得发送数据帧的许可权。

令牌环网的特点：在轻负荷时，由于存在等待令牌的时间，因此效率较低；在重负荷时，各站点有公平的访问机会且效率高。令牌环网的通信量可以调节，一种方法是通过允许各站点在其收到令牌时传输不同量的数据，另一种方法是通过设定优先权使具有较高优先权的站点先得到令牌。

2.2.4　无线局域网

无线局域网（Wireless LAN，WLAN）顾名思义是一种利用无线方式，提供无线对等（如 PC 对 PC、PC 对集线器或打印机对集线器）和点到点（如局域网到局域网）连接的数据通信系统。WLAN 代替了常规局域网中使用的双绞线、同轴线路或光纤，通过电磁波传输和接收数据。WLAN 具有文件传输、外设共享、Web 浏览、电子邮件和数据库访问等传统网络通信功能。

WLAN 包括进行通信的网络接口卡（NIC、网卡）和接入点/桥接器（如用户到局域网和局域网到局域网）。NIC 提供了最终用户设备（如桌面 PC、便携 PC 或手持计算设备）与经过接入点/桥接器上天线的无线电波之间的接口。

随着无线通信技术的发展和对 WLAN 通信速率要求的不断提高，WLAN 的标准也在不断发展，总的发展趋势是数据传输速率越来越高、安全性越来越好、服务质量（Quality of Service，QoS）越来越有保证。

从 WLAN 标准的支持者及应用地域范围看，WLAN 有 3 个阵营：IEEE 802.11 系列标准、欧洲的 HiperLAN1/HiperLAN2 和日本的 MMAC 系列标准。

在 IEEE 802.11 系列标准中，涉及物理层的有 4 种标准：IEEE 802.11 标准、IEEE 802.11b 标准、IEEE 802.11a 标准、IEEE 802.11g 标准。根据不同的物理层标准，WLAN 设备通常被归为不同的类别，如常说的 802.11b WLAN 设备、802.11a WLAN 设备等。

IEEE 802.11 标准是 IEEE 于 1997 年推出的，工作于 2.4GHz 频段，物理层采用红外、直接序列扩频（DSSS）或跳频扩频（FHSS）技术，共享数据传输速率最高可达 2Mbit/s，主要用于解决办公室局域网和校园网中用户终端的无线接入问题。

IEEE 802.11 标准的数据传输速率不能满足日益发展的业务需要，于是 IEEE 在 1999 年相继推出了 802.11b、802.11a 两种标准，并且在 2001 年年底通过了 IEEE 802.11g 标准试用混合方案。IEEE 802.11g 标准试用混合方案可以在 2.4GHz 频带上实现 54Mbit/s 的数据传输速率，并且与 IEEE 802.11b 标准兼容。

IEEE 802.11b 标准工作于 2.4GHz ISM（工业、科技、医疗）频带，采用直接序列扩频和补码键控，支持 5.5Mbit/s 和 11Mbit/s 两种数据传输速率，可以与数据传输速率为 1Mbit/s 和 2Mbit/s 的 802.11DSSS 系统交互操作，但不能与 1Mbit/s 和 2Mbit/s 的 802.11FHSS 系统交互操作。

IEEE 802.11a 标准工作于 5GHz 频带（在美国为 U-NII 频段：5.15～5.25GHz、5.25～5.35GHz、5.725～5.825GHz），采用正交频分复用（OFDM）技术。IEEE 802.11a 标准的数据传输速率最高可达 54Mbit/s。

IEEE 802.11a 标准的数据传输速率虽高，但与 IEEE 802.11b 标准不兼容，并且成本也比较高，所以在当时的市场中 IEEE 802.11b 标准占据主导地位。

IEEE 802.11g 标准与得到过广泛使用的 IEEE 802.11b 标准兼容，这是 IEEE 802.11g 标准相比于 IEEE 802.11a 标准的优势所在。

IEEE 802.11g 标准是对 IEEE 802.11b 标准的一种高速物理层扩展。IEEE 802.11g 标准，与 IEEE 802.11b 标准一样工作于 2.4GHz ISM 频带，但采用 OFDM 技术，可以实现最高 54Mbit/t 的数据传输速率，与 IEEE 802.11a 标准相当，并且较好地解决了 WLAN 与蓝牙的干扰问题。

在 MAC 层，IEEE 802.11、IEEE 802.11b、IEEE 802.11a、IEEE 802.11g 四种标准均采用 CSMA/CA（CA：Collision Avoidance，冲突避免）技术，这有别于传统以太网上的 CSMA/CD（CD：Collision Detection，冲突检测）技术，CSMA/CA 相关内容在 IEEE 802.11 标准中定义，IEEE 802.11b 标准、IEEE 802.11a 标准、IEEE 802.11g 标准直接沿用。

除了 IEEE 802.11、IEEE 802.11b、IEEE 802.11a、IEEE 802.11g 四种标准涉及物理层，为了促进 IEEE 802.11a 标准在欧洲的推广与发展，与 ETSI 的 HiperLAN/2 竞争，IEEE 又提出了 802.11h 标准。IEEE 802.1h 标准在 IEEE 802.11a 标准基础上增加了动态频率选择（DFS）和发射功率控制（TPC）功能，符合欧洲有关管制规定的要求。

IEEE 802.11 标准是 MAC 子层标准的基础，在此基础上，为了满足在安全性、服务质量等方面的进一步要求，IEEE 相继提出了 802.11e、802.11f、802.11i 等标准。

IEEE 802.11e 标准增强了 IEEE 802.11 标准的 MAC 子层，为 WLAN 应用提供了服务质量支持能力。IEEE 802.11e 标准对 MAC 子层的增强与 IEEE 802.11a、IEEE 802.11b 标准对物理层的改进结合，增强了整个系统的性能，扩大了 IEEE 802.11 标准系统的应用范围，使得 WLAN 能够传输语音、视频等数据。

IEEE 802.11f 标准定义了一套接入点内部协议（Inter-Access Point Protocol，IAPP），实现了不同供应商接入点（AP）之间的互操作。

谈到 IEEE 802.11i 标准，就不能不提 IEEE 802.1X 标准。IEEE 802.1X 标准完成于 2001 年，是所有 IEEE 802 系列局域网（包括 WLAN）的整体安全体系架构，包括认证（EAP 和

Radius）和密钥管理功能。IEEE 802.11i 标准是对 IEEE 802.11 标准的 MAC 子层在安全性方面的增强，与 IEEE 802.1X 标准结合使用，可以为 WLAN 提供认证和安全机制。

除了上面已说明的标准，在 IEEE 802.11 系列标准中，有一个 IEEE 802.11d 标准。IEEE 802.11d 标准定义了一些物理层方面的要求（如信道化、跳频模式等）以适应 IEEE 802.11 标准的设备在一些国家应用时符合无线电管制的特殊要求。

IEEE 制定 802.11 系列 WLAN 标准的同时，欧洲电信标准学会（ETSI）在大力推广 HiperLAN1/HiperLAN2 标准。

HiperLAN1 标准发布于 1996 年，工作于 5GHz 频带，采用的调制方式为高斯最小频移键控（GMSK）。HiperLAN1 标准的数据传输速率最高可达 25Mbit/s。整体上 HiperLAN1 标准与 IEEE 802.11b 标准是相当的。

HiperLAN2 是 HiperLAN1 标准的第二代版本，于 2000 年年底通过 ETSI 批准成为标准。HiperLAN2 标准对应于 IEEE 802.11a 标准，工作于 5GHz 频带，采用 OFDM 技术，并且具备动态频率选择、发射功率控制功能，最高数据传输速率为 54Mbit/s。在 MAC 子层，HiperLAN2 标准采用预留 TDMA 多址方式，动态 TDD 双工方式，并且能在高吞吐率下支持服务质量，从而为视频流、语音等实时应用提供支持。

日本的多媒体移动接入通信促进委员会（Multimedia Mobile Access Communication Promotion Council）一直致力于 WLAN 技术的研究和标准制定工作，相继制定了 HiSWANa 和 HiSWANb 标准。HiSWANa 标准工作于 5GHz 频段。HiSWANb 标准工作于 25/27GHz 频段，支持数据传输速率为 6～54Mbit/s，采用 OFDM 调制、TDMA 多址方式、TDD 双工方式。

2.2.5　蓝牙技术

蓝牙（Bluetooth）技术实际上是一种短距离无线通信技术。利用蓝牙技术，能够有效地简化掌上电脑、笔记本电脑和移动电话等移动通信终端设备之间的通信，以及这些设备与因特网之间的通信，从而使这些设备与因特网之间的数据传输变得更加迅速和高效，为无线通信拓宽道路。通俗地讲，蓝牙技术使现代一些易携带的移动通信终端设备，不必借助电缆就能联网，并且能够实现无线上因特网，实际应用范围还可以拓展到各种家电产品、消费电子产品和汽车等设备，组成一个巨大的无线通信网络。

"蓝牙"的形成背景：1998 年 5 月，Intel、爱立信、IBM、东芝、诺基亚五家著名厂商，在联合开展短程无线通信技术的标准化活动时提出了蓝牙技术，宗旨是提供一种短距离、低成本的无线传输应用技术。这五家厂商还成立了蓝牙特别兴趣组，以使蓝牙技术能够成为未来的无线通信标准。芯片霸主 Intel 负责半导体芯片和传输软件的开发，爱立信负责无线射频和移动电话软件的开发，IBM 和东芝负责笔记本电脑接口规格的开发，诺基亚负责推广蓝牙在手机领域的应用。1999 年下半年，著名的业界巨头微软、摩托罗拉、三康、朗讯与这五家厂商共同发起成立了蓝牙技术推广组织。蓝牙的名称来源于公元 900 年左右古代丹麦统治者 Harald Bluetooth 的名字，这位统治者在位期间统一了丹麦和挪威的大部分地区。蓝牙技术的开发者希望该技术能够像 Harald Bluetooth 一样，统一所有无线设备接入标准。

蓝牙系统既可以实现点对点连接，也可以实现一点对多点连接。在一点对多点连接的情况下，信道由几个蓝牙单元分享。两个或多个分享同一信道的单元可以构成微微网（Piconet）。

一个微微网中存在 1 个主单元和最多 7 个活动从单元。多个蓝牙单元可以处在以下几个状态情况下：活动（Active）、暂停（Park）、保持（Hold）和呼吸（Sniff）。多个相互覆盖的微微网可以形成分布网（Scatternet）。图 2-2-4 所示为蓝牙网络。

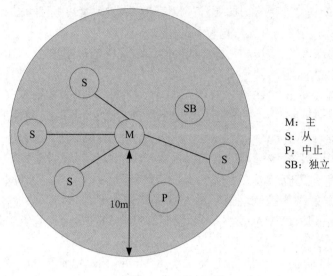

M：主
S：从
P：中止
SB：独立

图 2-2-4　蓝牙网络

2.3　广域网技术

本书在前面已经介绍局域网连接和广域网连接是最常见的两种网络连接方式，但仔细考虑就会发现这两种连接方式基于不同的考虑思路，用于解决不同的问题。在局域网连接的网络中，计算机数量多，并且是集中的，因此有利于建立专用通信网络。局域网连接的网络是一种密集高速的通信模式。在广域网连接的网络中，计算机是分散的，计算机的数量是变化的，计算机之间的距离也非常远，因此借助通信服务商的网络更为合适。广域网连接的网络是一种分散型的通信模式。

在广域网领域，拨号的计算机网络连接方式是最普遍、古老、常见的一种方式，也是性能比较差的一种方式。通信服务商能提供一些其他广域网络连接方式，由于这些网络连接的是计算机等数据处理设备，与电话连接的语音通信设备不同，因此这些网络又被称为数据网络。常见的数据网技术有 X.25 协议、综合业务数字网、帧中继、ATM（Asynchronous Transfer Mode）网络、SDH 等。下面主要介绍 X.25 协议、综合业务数字网、帧中继、ATM 网络。

2.3.1　X.25 协议

X.25 协议是较早的专用数据网络技术。目前，还有少部分银行、金融机构、政府部门和企业组织使用 X.25 协议，但这些连接方式速度慢，正逐渐被淘汰。X.25 协议是 CCITT（现在的 ITU，国际电信联盟）在 20 世纪 70 年代提出的一种协议，定义了分组交换网络的计算机终端之间连接的接口。以前的公用网，尤其是除美国以外的公网，都遵循 X.25 协议。

X.25 协议对应于 OSI 参考模型的第 1 层至第 3 层。X.25 协议的物理层协议被称为 X.21

协议，用于定义主机和网络之间的物理的、电子的和程序上的接口。因为 X.21 协议要求在电话线上使用数字信号，而不是模拟信号，所以实际上只有极少的公用网支持此标准。于是 X.21 协议定义了与 RS-232 标准相似的模拟接口作为过渡。

X.25 协议的数据链路层协议有很多不兼容的变种，且都用于处理用户设备和公用网之间的传输错误。

X.25 协议的网络层协议用于处理信息传输过程中的寻址、流量控制、中断等相关问题，基本工作方式是允许用户建立虚电路，并在该电路上发送不超过 128 字节的分组。这些分组被可靠和有序地发送。

X.25 协议是一种面向连接的网络协议，支持交换式虚电路和永久式虚电路。虚电路是将一条数据链路复用成多个逻辑信道，构成一条主叫、被叫用户之间的信息传输的逻辑上的通路。交换式虚电路（Switched Virtual Circuit，SVC）在一台计算机向网络发送分组要求与远程的计算机会话时建立。一旦建立连接，计算机就可以在上面发送分组，通常按次序到达。交换式虚电路的工作方式与电话系统相同，即两个数据终端要通信时先用呼叫程序建立电路（虚电路），再发送数据，通信结束后用拆线程序拆除虚电路。永久式虚电路（Permanent Virtual Circuit，PVC）与专线相同，在分组网内为两个终端之间申请合同期间提供永久逻辑连接，不需要建立呼叫与拆线程序。在数据传输阶段，永久式虚电路与交换式虚电路相同。交换式虚电路和永久式虚电路的概念很重要，在帧中继网络和 ATM 网络中均使用这两个电路。

2.3.2 综合业务数字网

综合业务数字网（Integrated Services Digital Network，ISDN）包括窄带 ISDN 和宽带 ISDN。我们日常接触到的电信提供的 ISDN 服务指的是窄带 ISDN。窄带 ISDN 又被称为一线通，能在一根普通电话线上提供语音、数据、图像等综合性业务。

窄带 ISDN 向用户提供的有基本速率（2B+D，144kbit/s）和一次群速率（30B+D，2Mbit/s）两种接口（注意：美国和日本采用 23B+D 群速率接口）。基本速率接口包括两个能独立工作的 B 信道（64kbit/s）和一个 D 信道（16kbit/s），其中 B 信道一般用于传输语音、数据和图像，D 信道用于传输信令或分组信息。

目前，电话网交换和中继已经基本上实现了数字化，即电话局和电话局之间从传输到交换全部实现了数字化，但是从电话局到用户仍然是模拟的，向用户提供的仍然是电话这一单纯业务。ISDN 的实现使电话局和用户之间只采用一对铜线，就能做到数字化，并向用户提供多种业务，如拨打电话、可视电话、数据通信、会议电视等，从而将电话、传真、数据、图像等多种业务综合在一个统一的数字网络中进行传输和处理。

2.3.3 帧中继

帧中继（Frame Relay，FR）是 20 世纪 80 年代初发展起来的一种数据通信技术，是从 X.25 技术演变而来的，帧中继协议是对 X.25 协议的简化，因此处理效率很高，网络吞吐量高，通信时延低，帧中继用户的接入速率在 64kbit/s～2Mbit/s，甚至可达 34Mbit/s。

帧中继在 OSI 参考模型第 2 层以简化的方式传输数据，仅完成物理层和数据链路层核心层的功能，智能化的终端设备把数据发送到数据链路层，并封装在帧定义的一种帧结构中，传递以帧为单位的信息。网络不进行纠错、重发、流量控制等。帧不需要确认就能在每个交换机中直接通过，若网络检查出错误帧，则直接将其丢弃；一些第 2 层、第 3 层的处理，如纠错、流量控制等，留给智能终端去处理，从而简化了节点机之间的处理过程。

帧中继的最大特点是带宽控制机制。在传统的数据通信业务中，用户预定了一条 64KB 的电路，那么该电路只能以 64kbit/s 的速率来传输数据。在帧中继技术中，用户向帧中继业务供应商预定的是约定信息速率（CIR），而实际使用过程中用户可以以高于 CIR 的速率发送数据，不必承担额外的费用。举例来说，用户预定了一个 CIR 为 64kbit/s 的帧中继电路，并且与供应商鉴定了另外两个指标，即承诺的突发量（Bc）、超过的突发量（Be）。当用户以等于或低于 64kbit/s 的速率发送数据时，网络会负责地传输；当用户以高于 64kbit/s 的速率发送数据时，只要网络空闲（不拥塞），且用户在一定时间（Tc）内发送的量（突发量）小于 Bc+Be 时，网络还会负责传输，但如果网络拥堵，Tc 内超过 Bc 部分的数据量有可能被丢弃；当突发量大于 Bc+Be 时，网络会丢弃帧。所以，帧中继用户虽然付了 64kbit/s 的信息速率费（收费依 CIR 来定），却可以传输高于 64kbit/s 的数据，这是帧中继吸引用户的主要原因之一。帧中断同样支持交换式虚电路和永久式虚电路。

2.3.4　ATM 网络

ATM 网络曾经因 1000Base-T 的出现而淡化。由于在第三代移动通信的 UMTS 技术中大量地使用 ATM 技术，所以 ATM 网络又逐渐成为研究和应用的热点。

2.3.2 节讲到 ISDN 分为窄带 ISDN 和宽带 ISDN。宽带 ISDN 指能够提供视频点播（Video on Demand）、直播电视、多媒体电子邮件、音乐、局域网互联、科学和工业上的高速数据传输业务。使宽带 ISDN 成为可能的技术是 ATM 网络。

下面介绍 ATM 网络的产生背景。随着计算机的普及，电话网使用调制解调器（Modem）进行计算机数据传输及数据信息交换，随之产生了公用数据网，其典型的代表是 X.25 分组交换网。X.25 分组交换网是基干包交换的一种技术，具有信输可靠性高的优点，但由于调制解调器速率及交换技术本身的限制，X.25 协议只能处理中低速数据流。虽然局域网技术的发展突飞猛进，如以太网、令牌环网、令牌总线网等，数据传输速率已达到千兆，但其局域网的性质本身就大大限制了其大规模的覆盖及应用，目前的局域网一般用于企业内部的数据传输，无法形成广域网的规模。

由此不难看出，传统网络普遍存在以下缺陷：第一，业务的依赖性，一般网络只能用于专一服务，公用电话网不能用于传输 TV 信号，X.25 协议不能用于传输高带宽的图像和对实时性要求较高的语言信号；第二，无灵活性，即业务拓展的可能性不大，原有网络的服务质量很难适应今后出现的新业务；第三，效率低，一个网络中的资源很难被其他网络共享。

随着社会不断地发展，网络服务变得多样化，人们可以利用网络干很多事情，如收发信件、家庭办公、点播视频、打网络电话，这对网络的要求越来越高，有人还不禁提出这样一个想法：能否把这些对带宽、实时性、传输质量要求各不相同的网络服务由一个统一的多媒体网络来实现，做到真正的一线通？回答是肯定的，这就是 ATM 网络。

ATM 是国际电信联盟标准化部门（ITU-T）制定的标准，实际上在 20 世纪 80 年代中期，人们就已经进行了快速分组交换（FPS）的实验，并建立了多种命名不相同的模型，欧洲重在图像通信，把相应的技术称为异步时分复用（ATD），美国重在高速数据通信，把相应的技术称为快速分组交换。ITU-T 经过协调研究，于 1988 年正式将这些模型命名为 ATM 技术，推荐 ATM 技术为宽带综合业务数据网（B-ISDN）的信息传输模式。

ATM 是一种传输模式，在这种模式中，信息被组织成信元，因为包含来自某用户信息的各个信元不需要周期性出现，所以这种传输模式是异步的。

ATM 信元是固定长度的分组，共有 53 字节，分为两个部分。前面 5 字节为信头，主要完成寻址的功能；后面 48 字节为信息段，用来装载来自不同用户、不同业务的信息。语音、数据、图像等所有的数字信息都要经过切割，封装成统一格式的信元在网中传输，并在接收端恢复成所需格式。由于 ATM 技术简化了交换过程，去除了不必要的数据校验，采用了易于处理的固定信元格式，所以 ATM 交换速率大大高于传统的数据网，如 X.25 协议、DDN、帧中继网络等。另外，对于如此高速的数据网，ATM 网络采用了一些有效的业务流量监控机制，对网上用户数据进行实时监控，把网络拥塞发生的可能性降到最低。网络对不同业务分配不同的网络资源，对不同业务赋予不同的"特权"，如语音的实时性特权最高。一般数据文件传输的正确性特权最高。这样不同的业务在网络中才能做到"和平共处"。

ATM 网络采用 AAL1、AAL2、AAL3/4、AAL5、多种适配层，以适应 A 级、B 级、C 级、D 级四种不同的用户业务。用户业务描述如下。

- A 级：对应的业务为固定比特率（CBR）业务，ATM 网络适配层 1（AAL1），支持面向连接的业务，比特率是固定的，常见的业务为 64kbit/s 语音业务，固定码率非压缩的视频通信及专用数据网的租用电路。
- B 级：对应的业务为可变比特率（VBR）业务，ATM 网络适配层 2（AAL2），支持面向连接的业务，比特率是可变的，常见的业务为压缩的分组语音通信和压缩的视频传输。该业务具有传输介面延迟物性，原因是接收器需要重新组装原来的非压缩的语音和视频信息。
- C 级：对应的业务为面向连接的数据服务，AAL3/4，面向连接的业务，适用于文件传递和数据网业务，连接是在数据被传输前建立的。该业务是可变比特率的，但不具有介面传递延迟特性。
- D 级：对应的业务为无连接数据业务，常见的业务为数据报业务和数据网业务，在数据被传输前，不会建立连接，AAL3/4 或 AAL5 均支持此业务。

ATM 网络是面向连接的，要进行会话，必须先发出报文以建立连接，信元再沿相同的逻辑路径传向目标，信元不保证一定被递交到目标，但保证按顺序递交。ATM 信元传输的路径就是虚电路，类似于 X.25 协议和帧中继网络，ATM 网络支持永久式虚电路和交换式虚电路。

2.4　互联设备

如果微型计算机的普及使若干台微机相互连接，从而产生了局域网，那么网络的普遍应用和为了满足在更大范围内实现相互通信和资源共享，从而产生了网络之间的互联。网络互联通常是指，将不同的网络或相同的网络用互联设备连接在一起形成一个范围更大的网络，为了增加网络的性能并使其易于管理，可以将一个原来很大的网络划分为几个子网或网段。

网络互联必须解决如下问题：在物理上如何把两种网络连接起来；一种网络如何与另一

种网络实现互访与通信；如何解决这两个网络之间协议方面的差别；如何处理数据传输速率与带宽的差别。解决这些问题协调、转换机制的部件就是中继器、集线器、网桥、交换机、路由器和网关等。

2.4.1 中继器

中继器（Repeater，RP）是连接网络线路的一种装置，常用于两个网络节点之间物理信号的双向转发工作。中继器是最简单的网络互联设备，主要完成物理层的功能，负责在两个节点的物理层上按位传输信息，完成信号的复制、调整和放大功能，以此来延长网络的长度。中继器在 5 层协议参考模型中的位置如图 2-4-1 所示。

由于存在损耗，在线路上传输的信号功率会逐渐衰减，当衰减到一定程度时，将造成信号失真，因此会导致接收错误。中继器就是为解决这一问题而设计的，能完成物理线路的连接，对衰减的信号进行放大，保持与原数据相同。

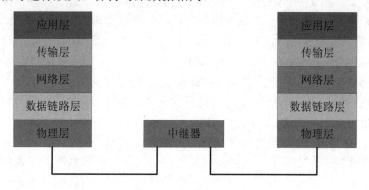

图 2-4-1　中继器在 5 层协议参考模型中的位置

一般情况下，中继器的两端连接的是相同的媒体，但有的中继器可以完成不同媒体的转接工作。从理论上讲，中继器的使用是无限的，网络也因此可以无限延长。事实上，这是不可能的，因为在网络标准中对信号的延迟范围作了具体的规定，中继器只能在此规定范围内进行有效的工作，否则会引起网络故障。以太网标准中约定了一个以太网上只允许出现 5 个网段，最多使用 4 个中继器，而且其中只有 3 个网段可以挂接计算机终端。

2.4.2 集线器

集线器（Hub）可以说是一种特殊的中继器，作为网络传输介质之间的中央节点，克服了介质单一通道的缺陷。以集线器为中心的优点是当网络系统中某条线路或某个节点出现故障时，不会影响网上其他节点的工作。集线器可分为无源（Passive）集线器、有源（Active）集线器和智能（Intelligent）集线器。

无源集线器只负责把多段介质连接在一起，不对信号做任何处理，每种介质段只允许扩展到最大有效距离的一半。

有源集线器类似于无源集线器，但其具有对传输信号进行再生和放大从而扩展介质长度的功能。

　　智能集线器除了具有有源集线器的功能，还可以将网络的部分功能集成到集线器中，如网络管理、选择网络传输线路等。

　　集线器技术发展迅速，已出现了交换技术（在集线器上增加了线路交换功能）和网络分段方式，提高了传输带宽。

　　随着计算机技术的发展，集线器又分为切换式集线器、共享式集线器和堆叠共享式集线器三种。

　　1）切换式集线器

　　切换式集线器重新生成一个信号并在发送前过滤每个包，而且只将其发送到目的地址。切换式集线器可以使 10Mbit/s 和 100Mbit/s 的站点处于同一网段中。

　　2）共享式集线器

　　共享式集线器提供了所有连接点的站点之间共享一个最大频宽。例如，一个连接几个工作站或服务器的 100Mbit/s 共享式集线器所提供的最大频宽为 100Mbit/s，与其连接的站点共享这个频宽。共享式集线器不过滤或重新生成信号，所有与其相连的站点必须以相同的速度工作（10Mbit/s 或 100Mbit/s）。所以，共享式集线器比切换式集线器的价格便宜。

　　3）堆叠共享式集线器

　　堆叠共享式集线器是共享式集线器中的一种，当其级连在一起时，可被看作网中的一个大集线器；当 6 个 8 口的集线器级连在一起时，可以被看作 1 个 48 口的集线器。

2.4.3　网桥

　　网桥（Bridge）又被称为桥接器，是连接两个局域网的存储转发设备，可以完成具有相同或相似体系结构网络系统的连接。一般情况下，被连接的网络系统都具有相同的 LLC 规程，但 MAC 协议可以不同。

　　网桥是数据链路层的连接设备，准确地说，其工作于 MAC 子层。网桥在两个局域网的数据链路层之间按帧传输信息。网桥是为各种局域网存储转发数据而设计的，对末端节点用户是透明的，末端节点在其报文通过网桥时，并不知道网桥的存在。网桥可以将相同或不同的局域网连在一起，组成一个扩展的局域网。

　　网桥在 5 层协议参考模型中的位置如图 2-4-2 所示。

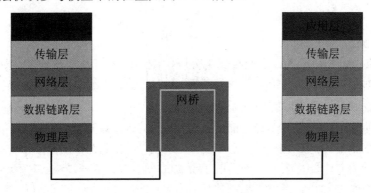

图 2-4-2　网桥在 5 层协议参考模型中的位置

2.4.4 交换机

交换机用于将网络的物理网段链接在一起，并允许数据在这些网段之间移动。如图 2-4-3 所示，交换机工作于 5 层协议参考模型的第 2 层，根据第 2 层地址（如以太网 MAC 地址）指导数据流。某些交换机还提供其他功能，如 VLAN 与第 3 层进行交换。

交换机能够读取数据包中的 MAC 地址信息并根据该地址进行交换。交换机内部有一个地址表，这个地址表中标明了 MAC 地址和交换机端口的对应关系。交换机从某个端口收到一个数据包后，首先读取包头中的源 MAC 地址，这样即可知道源 MAC 地址的机器连在哪个端口上，然后读取包头中的目的 MAC 地址，并在地址表中查找相应的端口。如果地址表中找到与这个目的 MAC 地址对应的端口，则把数据包直接复制到这个端口上；如果在地址表中找不到与这个目的 MAC 地址对应的端口，则把数据包广播到所有端口上。当目的机器回应源机器时，交换机可以学习一个目的 MAC 地址与哪个端口对应，在下次传输数据时就不需要对所有端口进行广播了。二层交换机就是这样建立和维护自己的地址表的。由于二层交换机一般具有很宽的交换总线带宽，所以可以同时为很多端口进行数据交换。如果二层交换机有 N 个端口，每个端口的带宽是 M，交换机总线带宽超过 $N×M$，那么该交换机可以实现线速交换。二层交换机对广播包是不做限制的，把广播包复制到所有端口上。二层交换机一般有专门用于处理数据包转发的专用集成电路（Application Specific Integrated Circuit，ASIC）芯片，因此转发速度可以做到非常快。

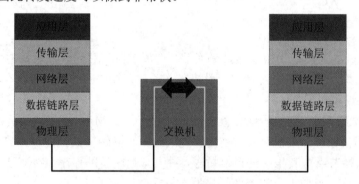

图 2-4-3 交换机在 5 层协议参考模型中的位置

2.4.5 路由器

路由器（Router）用于连接多个逻辑上分开的网络。逻辑网络是指一个单独的网络或一个子网。当数据从一个子网传输到另一个子网时，可以通过路由器来完成。路由器具有判断网络地址和选择路径的功能，能够在多网络互联环境中建立灵活的连接，可以用完全不同的数据分组和介质访问方法连接各种子网。路由器是属于网络层的一种互联设备，只接收源站或其他路由器的信息，不关心各子网使用的硬件设备，但要求运行与网络层协议一致的软件。

路由器内部有一个路由表，此表标明了要去某个地方，下一步应该往哪走。路由器从某个端口收到一个数据包，首先把数据链路层的包头去掉（拆包），读取目的 IP 地址，然后查找路由表，若能确定下一步往哪走，则加上数据链路层的包头（打包），并把该数据包转发出去；如果不能确定下一步往哪走，则向源地址返回一个信息，并把这个数据包丢掉。路由技术和二层交换技术看起来有点相似,其实路由和交换之间的主要区别是交换发生在 OSI 参考模型的第 2 层(数据链路层),而路由发生在 OSI 参考模型的第 3 层(网络层)。这一区别决定了路由和交换在传输数据的过程中需要使用不同的控制信息,所以两者实现各自功能的方式是不同的。路由技术由两项最基本的活动组成,即传输数据包和确定最优路径。其中,传输数据包相对较为简单和直接,而确定最优路径则更加复杂一些。路由算法在路由表中写入各种不同的信息,路由器会根据数据包要到达的目的地选择最佳路径,把数据包发送到可以到达该目的地的下一台路由器处;当下一台路由器接收该数据包时,也会查看其目的地址,并使用合适的路径继续传输给后面的路由器;依次类推,直到数据包到达最终目的地。

路由器之间可以相互通信,也可以通过传输不同类型的信息维护各自的路由表。路由更新信息一般由部分或全部路由表组成。通过分析其他路由器发出的路由更新信息,路由器可以掌握整个网络的拓扑结构。

2.5　在 Windows 操作系统下配置网络

当网络设备安装完成,线路也连接好了,要如何做才能连入因特网上呢?下面的工作需要打开计算机,在安装相应的网络组件并进行配置之后,才可以连入因特网。下面介绍如何在 Windows 10 操作系统下配置网络,以连入因特网。

一般情况下,Windows 10 操作系统会按默认的方式设置本地连接的网络属性。我们需要根据实际需要设置 TCP/IP 协议,步骤如下。

步骤 1:选择"开始"→"Windows 系统"→"控制面板"选项,打开"控制面板"窗口;选择"网络和 Internet"选项,选择"网络和共享中心"选项,单击"更改适配器设置"按钮;右击"WLAN"或"以太网"选项,在弹出的快捷菜单中选择"属性"选项,弹出"WLAN属性"或"以太网"对话框,如图 2-5-1 所示。

图 2-5-1　"WLAN 属性"对话框

步骤 2：选择"Internet 协议版本 4（TCP/IPv4）"选项，单击"属性"按钮，弹出"Internet 协议版本 4（TCP/IPv4）属性"对话框，如图 2-5-2 所示。

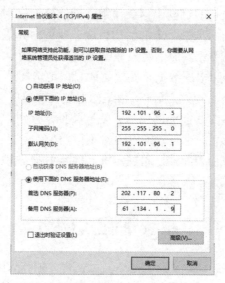

图 2-5-2 "Internet 协议版本 4（TCP/IPv4）属性"对话框

步骤 3：选中"使用下面的 IP 地址"单选按钮，将"IP 地址"设置为 192.101.96.5，"子网掩码"设置为 255.255.255.0，"默认网关"设置为 192.101.96.1，选中"使用下面的 DNS 服务器地址"单选按钮，填入 ISP 提供的 DNS 服务器的 IP 地址。

步骤 4：单击"确定"按钮。至此，完成了上网所需的网络配置。

2.6 在 Linux 操作系统下配置网络

在 Linux 操作系统中，有许多网络配置工具，其中有些是基于图形方式或基于 Web 方式的，非常便于初学者对 Linux 操作系统的网络进行配置。在这里仅介绍最基本和最通用的网络配置工具的用法，该工具是 netconfig。

步骤 1：以 root 用户登录文本界面。

步骤 2：输入"netconfig"，按"Enter"键。

步骤 3：打开如图 2-6-1 所示的窗口，单击"yes"按钮。

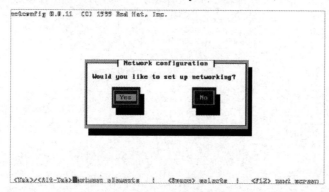

图 2-6-1 netconfig 工具提示窗口

步骤 4：打开如图 2-6-2 所示的窗口。图 2-6-2 中的"Use dynamic IP configuration (BOOTP/DHCP)"表示本主机由 DHCP 服务器动态分配 IP 地址及其他网络参数。（关于 DHCP 的相关内容详见第 4 章）利用空格键选择此项功能。

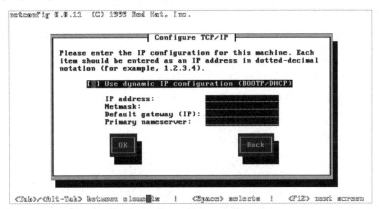

图 2-6-2　netconfig 工具动态配置 IP 地址窗口

步骤 5：如果手动配置 IP 地址及其他网络参数，则可以利用"Tab"键选择不同的网络参数，如图 2-6-3 所示。

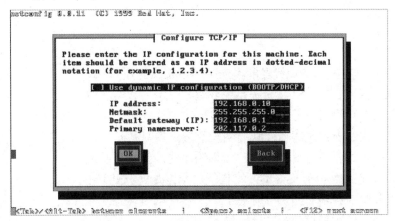

图 2-6-3　netconfig 工具手动配置 IP 地址

步骤 6：利用"Tab"键将光标移到"OK"按钮上，按"Enter"键，结束配置。

2.7　习题

一、选择题

1. 双绞线是由两根绝缘导线绞合而成的，绞合的目的是（　　）。

   A．减少干扰　　　　　　　　　　B．提高数据传输速率

   C．增大传输距离　　　　　　　　D．增加抗拉强度

2. 同轴电缆比双绞线的数据传输速率更快，得益于（　　）。

   A．同轴电缆的铜心比双绞线的铜芯粗，能通过更大的电流

   B．同轴电缆的阻抗比较标准，减少了信号的衰减

C. 同轴电缆具有更高的屏蔽性，同时有更好的抗噪声性

D. 以上都正确

3. 不受电磁干扰和噪声影响的传输介质是（   ）。

   A. 屏蔽双绞线   B. 非屏蔽双绞线

   C. 光纤   D. 同轴电缆

4. 在以下关于以太网的说法中，不正确的是（   ）。

   A. 以太网的物理拓扑是总线型拓扑结构

   B. 以太网提供有确认的无连接服务

   C. 以太网参考模型一般只包括物理层和数据链路层

   D. 以太网必须使用 CSMA/CD 协议

5. 10Base-T 以太网采用的传输介质是（   ）。

   A. 双绞线   B. 同轴电缆

   C. 光纤   D. 微波

6. 在下列选项中，（   ）不是 VLAN 的优点。

   A. 有效共享网络资源   B. 简化网络管理

   C. 链路聚合   D. 提高网络安全性

7. 为了使数字信号传输得更远，可采用的设备是（   ）。

   A. 中继器   B. 放大器

   C. 网桥   D. 路由器

8. 在以下关于中继器和集线器的说法中，不正确的是（   ）。

   A. 二者都工作于 OSI 参考模型的物理层

   B. 二者都可以对信号进行放大和整形

   C. 通过中继器或集线器互联的网段数量不受限制

   D. 中继器通常只有 2 个端口，而集线器通常有 4 个或更多端口

9. 交换机比集线器具有更好的网络性能的原因是（   ）。

   A. 交换机支持多对用户同时通信

   B. 交换机使用差错控制减少出错率

   C. 交换机使网络的覆盖范围变得更广

   D. 交换机不需要设置，使用更方便

10. 路由器的路由选择部分包括（   ）。

   A. 路由选择处理机   B. 路由选择协议

   C. 路由表   D. 以上都是

二、简答题

1. 举例说明常见的局域网技术和广域网技术。

2. 简述物理层、数据链路层和网络层的核心互联设备并分析各自功能。

三、实验题

课下完成在 Windows 操作系统和 Linux 操作系统下配置网络的实验。

第 3 章

因特网的通用语言——TCP/IP 协议

　　计算机网络是计算机技术与通信技术结合的产物,通过计算机网络可以实现不同计算机之间的资源共享。不同的厂家的计算机,运行的操作系统不同,如何使这些计算机之间进行通信,成了必须解决的问题。TCP/IP 协议就是解决这个问题最优秀的方案:通过 TCP/IP 协议族,各个不同型号、运行不同操作系统的计算机可以互相进行通信。TCP/IP 协议是计算机网络中的国际通用语言,其作用已远远超出了起初的设想。TCP/IP 协议起源于 20 世纪 60 年代末美国政府资助的一个分组交换网络研究项目,到 20 世纪 90 年代已发展成为计算机之间最常应用的组网形式。TCP/IP 确实是一个开放的系统,协议族的定义和很多实现是公开的,收费很少或根本不收费。TCP/IP 协议被称为“全球互联网”或“因特网”的基础,是因特网的通用语言。TCP/IP 协议其实是两个网络基础协议(IP 协议、TCP 协议)的组合。下面分别介绍 IP 协议和 TCP 协议。

3.1　IP 协议

3.1.1　IP 协议的简介

　　IP 协议的英文名直译就是因特网协议。从这个名称我们就可以知道 IP 协议的重要性。在现实生活中,我们在进行货物运输时都是把货物包装成一个一个的纸箱或集装箱之后才进行运输的,而在网络世界中,各种信息也是通过类似的方式进行传输的。IP 协议规定了数据传输时的基本单元和格式。如果将 IP 协议比作货物运输,该协议规定了货物打包时的包装箱尺寸和包装的程序。除了这些,IP 协议还规定了数据报的递交办法和路由选择。同样用货物运输做比喻,IP 协议规定了货物的运输方法和运输路线。

　　所以,IP 协议是一个无连接的协议,主要负责数据报的寻址和路由。无连接协议就是在交换数据前没有会话,数据的可靠传递没有保证。所以,IP 是不可靠的协议,但其总是尽“最大努力”尝试传递数据报。这种方法可能会丢失数据报、发送顺序错误、重复或延迟,当数据报丢失或错误时不通知发送者和接收者。

　　数据报的寻址和路由主要依据 IP 协议所提供的标识:IP 地址。

3.1.2　IP 协议的格式

　　我们最好从 IP 协议的格式开始学习 IP 协议。IP 数据报由一个头部和一个正文部分构成。头部有一个 20 字节的固定长度和一个任意长度部分。IP 数据报的格式如图 3-1-1 所示。

0	4	8	16	19	24	31
版本	头部长度	服务类型	总长			
标识			标志	段偏移		
生存时间		协议	头部校验和			
源IP地址						
目的IP地址						
IP可选项（可省略）					充填	
数据开始 ⋮						

图 3-1-1　IP 数据报的格式

数据报头部中的每个域都有固定的大小。数据报以 4 位的协议版本号（当前版本号为 4）和 4 位的头部长度开始，头部长度指明以 32 位字长为单位的头部长度。服务类型（Service Type）域包含的值指明发送方是否希望以一条低延迟的路径或以一条高吞吐率的路径来传送该数据报，当一个路由器知道多条通往目的地的路径时，可以根据这个域的内容对路径加以选择。服务类型域的内容如图 3-1-2 所示。

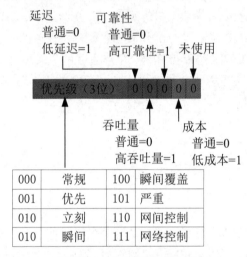

000	常规	100	瞬间覆盖
001	优先	101	严重
010	立刻	110	网间控制
010	瞬间	111	网络控制

图 3-1-2　服务类型域的内容

总长（Total Length）域是 16 位的整数，以字节为单位，表示数据报的总长度，包括头部长度和数据长度。

我们知道，当两台主机通过网络进行通信时，传递的数据可能穿越不同的网络，涉及不同的网络设备。不同的网络设备规定了一帧所能携带的最大数据量，并且每种设备的规定可能不同，该数据量被称为最大传输单元（Maximum Transmission Unit，MTU）。例如，帧中继网络的 MTU 是 1600 字节，以太网的 MTU 是 1500 字节。一个能够在帧中继网络中正常传递的数据报无法在以太网中正常传递。

IP 协议采用数据分段的方法来解决这一问题。当一个数据报的尺寸大于将发往的网络的 MTU 时，路由器先将数据段分为较小的部分（被称为段），再将每个段独立发送。

由于 IP 协议并不保证可靠地传递，因此单独的数据段可能会丢失或不按次序到达。另外，如果一个源主机将多个数据报发给同一个目的地，这些数据报的多个段就可能以任意的次序到达。IP 协议怎样重组这些乱序的段呢？发送方将一个唯一的标识放入每个输出数据报的标识（Identification）域。当一个路由器对一个数据报分段时，会将这个标识数复制到每一段中，接收方可利用接收的段的标识数和 IP 源地址来确定该段属于哪个数据报。另外，段偏移（Fragment Offset）域中的内容可以告诉接收方各段的次序，而标志（Flags）域则标明一个数据报是否允许被分段。标志域的内容如图 3-1-3 所示。

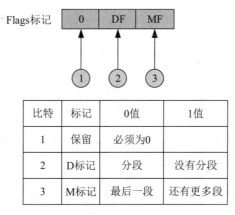

比特	标记	0值	1值
1	保留	必须为0	
2	D标记	分段	没有分段
3	M标记	最后一段	还有更多段

图 3-1-3　标志域的内容

生存时间（Time to Live）域又被称为生命期，用来阻止数据报在一条包含环路的路径上永远地传送。当软件发生故障或管理人员错误地配置路由器时，会产生这样的路径。发送方负责初始化生存时间域，这是一个从 1 到 255 的整数。每个路由器处理数据报时，会将头部中的生存时间减 1，如果达到 0，则将数据报丢弃，发送一个出错消息给源主机。

协议字段包含一个数字，表示数据报有效载荷部分的数据类型，最常用的值为 17（UDP）和 6（TCP）。这提供了多路分解的功能，以便 IP 协议可用于携带多种协议类型的有效载荷。虽然该字段最初仅用于指定数据报封装的传输层协议，但是该字段现在用于识别其中封装的协议是否为传输层协议。

头部校验和（Header Checksum）域确保头部在传送过程中不被改变。发送方对除了头部校验和域的头部数据每 16 位对 1 进行求补，所有结果累加，并将和的补放入头部校验和域。接收方进行同样计算，但包括头部校验和域。如果校验和正确，则结果应该为 0（在数学中，1 的求补是一个逆加，因此将一个值加到其自身的补上将得到 0）。

源 IP 地址字段和目的 IP 地址字段是发送方和接收方的 IP 地址。关于 IP 地址的具体内容，将在 3.1.3 节中介绍。

为了保证数据报不过大，IP 协议定义了一套可选项（Options），用于网络测试、调试、保密及其他用途。当一个 IP 数据报没携带可选项时，头部长度域的值为 5，头部以目的地址（Destination Address）域作为结束。因为头部长度总是 32 的倍数，如果可选项长度达不到 32 的整数倍，则加入全 0 的充填（Padding）域以保证头部长度为 32 的倍数。

3.1.3　IP 地址

我们从日常生活的经验中可以知道，如果有两个实体想要进行通信，那么必须知道对方的地址。例如，写信需要知道对方的邮箱，打电话需要知道对方的电话号码等。当因特网的两台主机进行通信时，也需要知道对方的地址，并且这个地址应该是唯一的地址。我们在第 2 章已经介绍过，每个连入网络的主机都有一个 MAC 地址，并且是全球唯一的地址。是否可以应用 MAC 地址作为接入因特网主机的唯一地址呢？

在回答这个问题前，我们先来了解一下因特网的性质。因特网的目标是提供一个无缝的通信系统，即任何厂商的不同产品均可以互相直接通信。为达到这个目标，因特网协议必须屏蔽物理网络的具体细节，使得设计者和使用者在设计通信软件和使用网络时，可以在不考虑物理硬件细节的情况下自由地选择地址、包格式和发送技术。

因特网地址是实现无缝通信的一个关键组成部分。为了保证系统的统一性，所有主机必须使用统一的编址方案。不幸的是，MAC 地址并不满足这个要求，因为一个互联网可包括多种物理网络技术，每种技术定义了自己的地址格式。这样，不同的技术会因采用的地址长度不同或格式不同而不兼容。例如，以太网的 MAC 地址是 16 位或 48 位的，而 GSM 手机的 MAC 地址（国际移动设备识别码）是 15 位的，CMDA 手机的 MAC 地址（电子串号）是 32 位的。

为了保证接入因特网的主机具有统一的地址格式，IP 协议定义了一个与底层物理地址无关的编址方案，这就是 IP 地址。IP 标准规定每台主机分配一个 32 位二进制数字作为该主机的因特网协议地址（Internet Protocol Address），常简写为 IP 地址或互联网地址。IP 地址是一个分配给一台主机，并用于该主机所有通信的唯一的 32 位二进制数字。3.1.2 节提到的 IP 头部中的源 IP 地址字段和目的 IP 地址字段就是指在因特网上通信的两台主机的发送方（源）IP 地址和想要送达的接收方（目的）IP 地址。

每个 32 位 IP 地址可以分割成两部分：网络号（网络 ID）和主机号（主机 ID），如图 3-1-4 所示。网络号标识一个网络，确定了计算机从属的网络，同一个网络中的所有主机具有相同的网络号。也就是说，因特网中的每个物理网络都分配了唯一的值作为网络号。主机号标识网络中的一台主机。主机号在主机所属的网络中是唯一的。

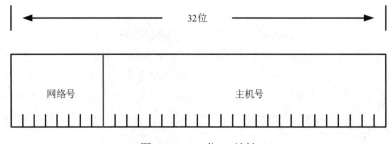

图 3-1-4　32 位 IP 地址

IP 地址的这种层次结构保证了两个重要性质。

（1）每台计算机分配一个唯一的地址（一个地址从不分配给多台计算机）。

（2）虽然网络号的分配必须全球一致，但是主机号可以本地分配，不需要全球一致。

3.1.4　IP 地址的分类

IP 地址分为网络号和主机号两部分，我们必须决定每部分包含多少位。网络号需要足够的位数以分配唯一的网络号给互联网上的每个物理网络，主机号也需要足够位数以分配一个唯一的后缀给同一网络中的每台计算机。这不是简单地选择就可行的，因为一部分增加一位就意味着另一部分减少一位。选择大的前缀意味着可容纳大量网络，但限制了每个网络的大小；选择大的后缀意味着每个物理网络能包含大量计算机，但限制了网络的总数。

由于因特网可以包括任意的网络技术，所以可能一个网络由少量大的物理网络构成，而同时另外一个网络由许多小的网络构成。更重要的是，单个网络能混合包含大网络和小网络，因此 IP 协议设计人员选择了一个能满足大网络和小网络组合的折中编址方案。这个方案将 IP 地址空间划分为 3 个基本类，每类有不同长度的前缀和后缀。

地址的前 4 位决定了地址所属的类别，以及确定如何将地址的其余部分划分为前缀和后缀。图 3-1-5 所示为 5 类 IP 地址，前几位用来决定类别和前缀及后缀的划分方法。数字按照 TCP/IP 协议惯例，以 0 作为第 1 位，从左到右计数。

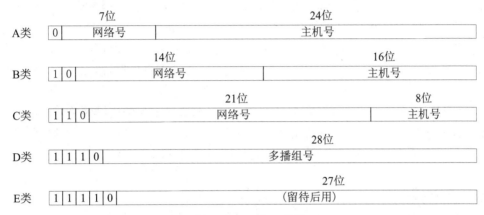

图 3-1-5　5 类 IP 地址

A 类 IP 地址、B 类 IP 地址和 C 类 IP 地址被称为基本类（Primary Classes），因为其用于主机地址。D 类 IP 地址用于组播传输，允许发送信息到同一组的计算机中（IP 组播传输是硬件组播传输的模拟，组播地址在这两者中是可选的，并且即使参与组播传输，计算机仍然保留自己的个别地址）。为了使用 IP 组播进行传输，一组主机必须共享一个组播地址。一旦建立组播传输组，任何发送到组播地址的包将传送副本到该组的每台主机中。具体的组播协议，读者可阅读 IGMP 协议的相关介绍。下面对 A～E 类 IP 地址做详细介绍。

1）A 类 IP 地址

一个 A 类 IP 地址由 1 个字节（每个字节是 8 位）的网络地址和 3 个字节的主机地址组成，网络地址的最高位必须是"0"，即第一段数字范围为 1～127。每个 A 类地址可连接 16 387 064 台主机，因特网有 126 个 A 类地址。

2）B 类 IP 地址

一个 B 类 IP 地址由 2 个字节的网络地址和 2 个字节的主机地址组成，网络地址的最高位必须是"10"，即第一段数字范围为 128～191。每个 B 类地址可连接 64 516 台主机，因特网有 16 256 个 B 类地址。

3）C 类 IP 地址

一个 C 类地址由 3 个字节的网络地址和 1 个字节的主机地址组成，网络地址的最高位必须是"110"，即第一段数字范围为 192～223。每个 C 类地址可连接 254 台主机，因特网有 2 054 512 个 C 类地址。

4）D 类 IP 地址

D 类 IP 地址的第 1 个字节以 "1110" 开始，数字范围为 224～239，是组播地址，用于多目的地信息的传输和作为备用。全为 "0"（0.0.0.0）的 IP 地址是当前主机，全为 "1"（255.255.255.255）的 IP 地址是当前子网的广播地址。

5）E 类 IP 地址

E 类 IP 地址是实验地址，第 1 个字节以 "11110" 开始，数字范围为 240～247。

由于互联网上的每个接口必须有一个唯一的 IP 地址，因此必须有一个管理机构为接入互联网的网络分配 IP 地址。这个管理机构就是互联网络信息中心（Internet Network Information Center，InterNIC）。InterNIC 只分配网络号，而系统管理员分配主机号。

因特网注册服务（IP 地址和 DNS 域名）过去由 NIC 负责。1993 年 4 月 1 日，InterNIC 成立。现在，NIC 只负责处理国防数据网的注册请求，所有其他的因特网用户注册请求均由 InterNIC 负责处理。事实上，InterNIC 由 3 部分组成：注册服务、目录和数据库服务及信息服务。

根据目的主机的不同，IP 地址可以分为 3 类：单播地址（目的主机为单台主机）、广播地址（目的主机为给定网络上的所有主机）及组播地址（目的主机为同一组内的所有主机）。

注意：有的参考书将组播地址称为多播地址或多目地址。

3.1.5 子网掩码

现在，我们已经知道 IP 地址由网络号和主机号两部分组成。由于 IP 数据包根据这两部分的内容进行路由，因此参与 IP 数据包发送过程的主机必须能够快速、准确地区分 IP 数据包所包含地址中的网络号和主机号。但是，IP 地址的网络号和主机号的长度不是固定的，如 A 类 IP 地址的网络号为 8 位，而 C 类 IP 地址的网络号为 24 位。因此，需要引入一种技术，使主机可以区分网络号和主机号，子网掩码（Subnet Masks）就是种技术。

子网掩码是一个 32 位的地址，用于屏蔽 IP 地址的一部分以区别网络标识和主机标识，从而判断该 IP 地址是在局域网上，还是在远程网上。

例如，某台主机的 IP 地址为 202.119.115.78，子网掩码为 255.255.255.0，将这两个数据做 AND 运算后，得出的值中的非 0 的部分就是网络号。运算步骤如下。

202.119.115.78 的二进制值为 11001010.01110111.01110011.01001110。

255.255.255.0 的二进制值为 11111111.11111111.11111111.00000000。

将这两个值做 AND 运算后的结果为 11001010.01110111.01110011.00000000。

将上述结果转为十进制值后为 202.119.115.0。

该十进制值就是网络号，IP 地址中剩下的部分就是主机号，即 78。当有另一台主机的 IP 地址为 202.119.115.83，子网掩码为 255.255.255.0 时，其网络号为 202.119.115，主机号为 83，因为这两台主机的网络号都是 202.119.115，因此这两台主机在同一网段内。

在各种操作系统中，如果给一个网卡指定 IP 地址，则系统会自动填入一个默认的子网掩码。例如，局域网中最常使用的 IP 地址为 "192.168.X.X"，默认的子网掩码为 "255.255.255.0"。一般情况下，IP 地址使用默认子网掩码就可以了。

3.1.6　划分子网

划分子网是为了解决在一个网络内部划分更小的网络的问题。这种方法对内是多个网络，起到了网络隔离效果，但是对外仍然是一个大的网络，由一个统一的地址管理。

在实际中，通常有公司或组织在申请的网络内部划分更小的网络的需求。例如，某公司申请了一个 B 类网络 170.123.0.0，而该公司的网络中有上万台计算机，这么多台计算机在一个网络中不方便管理。又如，公司有很多部门，且分布在不同的地理位置等，均使得网络管理难以实现，需要划分更小的网络来管理。

划分子网的做法是在原来的 IP 地址中，从主机号中划出一部分表示子网号。这里的网络号就是原来的网络号加上新划分的子网号，而主机号缩短。这时，子网掩码也必须随之改变，新的子网掩码需要从 IP 地址中区分出新的网络号和主机号。这种技术又被称为可变长子网掩码（Variable Length Subnet Mask，VLSM）。

下面以一个 C 类地址为例，说明划分子网时子网掩码的变化。

例如，有 3 个不同的子网，每个网络的主机数量为 20、25 和 50，下面依次称其为甲网、乙网和丙网，但只申请了一个网络，即 202.119.115。先把甲网和乙网的子网掩码改为 255.255.255.224，224 的二进制值为 11100000，即其子网掩码为 11111111.11111111.11111111.11100000。

这样，我们把主机号的高 3 位用来分割子网，这 3 位共有 8 种组合，即 000、001、010、011、100、101、110、111，除去 000（代表本身）和 111（代表广播），还剩 6 种组合，也就是可提供 6 个子网，IP 地址分别如下。（前 3 个字节还是 202.119.115。）

00100001～00111110，即 33～62 段为第 1 个子网。

01000001～01011110，即 65～94 段为第 2 个子网。

01100001～01111110，即 97～126 段为第 3 个子网。

10000001～10011110，即 129～158 段为第 4 个子网。

10100001～10111110，即 161～190 段为第 5 个子网。

11000001～11011110，即 193～222 段为第 6 个子网。

将 161～190 段分配给甲网，193～222 段分配给乙网，因为各个子网都支持 30 台主机，足以满足甲网和乙网 20 台和 25 台主机的需求。

再来看丙网，由于丙网有 50 台主机，按上述分割方法无法满足其 IP 地址需求。可以将丙网的子网掩码改为 255.255.255.192，由于 192 的二进制值为 11000000，按上述分割方法，可将丙网划分为 2 个子网，IP 地址如下。

01000001～01111110，即 65～126 段为第 1 个子网。

10000001～10111110，即 129～190 段为第 2 个子网。

这样每个子网有 62 个 IP 地址可用，将 65～126 段分配给丙网，即可实现多个子网用一个网络号的子网划分。

3.1.7　CIDR

3.1.6 节介绍了将一个大的网络划分为多个子网的情况。在实际应用中，不仅有将一个网络划分为多个子网的需求，还有将多个子网合并为一个网络的需求。

例如，由于 B 类地址相对较少，共有 16 256 个 B 类地址，而且大部分 B 类地址已经分配给美国的大公司或机构，造成其他国家的大型机构无法分配到 B 类地址。有一个折中的解决办法就是给这样的机构分配一些连续的 C 类地址，但这种做法会产生一个新的问题，用传统的路由技术，网上的路由器现在必须在它们的路由表中对每个 C 类网络建立一个对应的索引项，如果一个机构有 2000 台主机，就需要在路由器上添加 2000 条记录，尽管这 2000 台主机处于同一个物理网络，但是这会使因特网上路由器的路由表极度膨胀。为了解决这个问题，便引入了 CIDR（Classless Inter-Domain Routing，无类别域间路由选择）技术。CIRD 又被称为超网（Supernetting）。

CIDR 的基本思想是取消 IP 地址的分类结构，将多个 C 类地址块聚合在一起生成一个更大的网络，以包含更多的主机。CIDR 支持路由聚合，能够将路由表中的许多路由条目合并为更少的数目，因此可以限制路由器中路由表的增大，减少路由通告。同时，CIDR 有助于 IPv4 地址的充分利用。

CIDR 聚合地址与 VLSM 划分子网类似。CIDR 聚合地址是将原来分类 IP 地址中的网络号划出一部分作为主机号使用；VLSM 划分子网是将原来分类 IP 地址中的主机号按照需要划出一部分作为网络号使用。

下面通过一个例子说明 CIDR 的工作原理。

假设有一个组织被分配了一组 C 类地址，即 192.168.8.0～192.168.15.0，如果使用 CIDR 将这组地址聚合为一个网络，则先将 C 类地址的第 3 个 8 位组转换为二进制值。

从表 3-1-1 中可以看出，只要将网络位的低 3 位划分出来作为主机位，这些 C 类地址就会被聚合在一个网络中。聚合后的子网掩码为 255.255.248.0。我们可以采用 CIDR 表示法将网络地址表示为 192.168.8.0/21，其中 192.168.8.0 为网络地址，21 为子网掩码中从左到右有 21 位连续的"1"。

表 3-1-1　将第 3 个 8 位组转换为二进制值

点分十进制表示	将第 3 个 8 位组转换为二进制值
192.168.8.0	192.168.00001 000.0
192.168.9.0	192.168.00001 001.0
192.168.10.0	192.168.00001 010.0
192.168.11.0	192.168.00001 011.0
192.168.12.0	192.168.00001 100.0
192.168.13.0	192.168.00001 101.0
192.168.14.0	192.168.00001 110.0
192.168.15.0	192.168.00001 111.0

3.1.8　ARP 协议

ARP 是 Address Resolution Protocol（地址解析协议）的缩写。在局域网中，实际传输的是"帧"，帧里面有目标主机的 MAC 地址。在以太网中，一台主机要和另一台主机直接进行通信，必须知道目标主机的 MAC 地址。这个 MAC 地址是如何获得的呢，那就是通过 ARP 协议获得的。所谓地址解析，就是主机在发送帧前将目标 IP 地址转换为目标 MAC 地址的过程。ARP 协议的基本功能就是通过目标设备的 IP 地址，查询目标设备的 MAC 地址，以保证顺利进行通信。

　　在每台安装 TCP/IP 协议的电脑里都有一个 ARP 缓存表，表中的 IP 地址与 MAC 地址是一一对应的。

　　下面以主机 A（192.168.1.5）向主机 B（192.168.1.1）发送数据为例，介绍 ARP 解释过程。当发送数据时，主机 A 会在自己的 ARP 缓存表中寻找是否有目标 IP 地址，如果有，则可以获取到目标 MAC 地址，直接把目标 MAC 地址写入帧中发送即可；如果没有，则主机 A 会在网络上发送一个广播，目标 MAC 地址是 "FF.FF.FF.FF.FF.FF"，表示向同一网段内的所有主机发出这样的询问："192.168.1.1 的 MAC 地址是什么？"网络上其他的主机不响应 ARP 询问，只有当主机 B 接收这个帧时，才向主机 A 做出这样的回应："192.168.1.1 的 MAC 地址是 00-aa-00-62-c6-09"。这样，主机 A 可以获取到主机 B 的 MAC 地址，以便向主机 B 发送信息。同时，主机 A 还更新了自己的 ARP 缓存表，下次再向主机 B 发送信息时，直接在 ARP 缓存表中查找即可。ARP 缓存表采用了老化机制，如果在一段时间内没有使用表中的某行，则删除该行，这样可以大大减少 ARP 缓存表的长度，加快查询速度。

　　ARP 解析过程如图 3-1-6 所示。

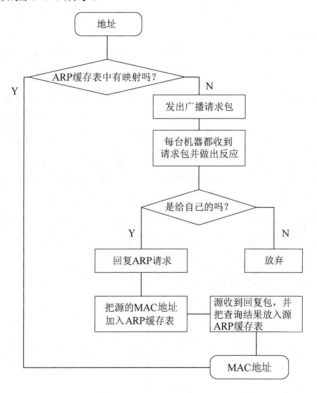

图 3-1-6　ARP 解析过程

　　我们可以查看、添加和修改 ARP 缓存表。在命令提示符中，输入 "arp-a" 命令就可以查看 ARP 缓存表中的内容。

　　"arp-d" 命令可以删除 ARP 缓存表中某行的内容；"arp-s" 命令可以手动在 ARP 缓存表中指定 IP 地址与 MAC 地址的对应。

3.1.9 IP 路由

3.1.1 节介绍 IP 协议的两大功能是寻址和路由。前面几节介绍 IP 协议的地址功能，下面介绍 IP 协议的路由功能。

当网络中的一台主机发送 IP 数据报给同一子网的另一台主机时，该主机将直接把 IP 数据报传送给网络，对方就能收到，而要发送 IP 数据报给不同网络上的主机时，该主机要选择一个能到达目的子网上的路由器，把 IP 数据报传送给该路由器，由该路由器负责把 IP 数据报传送给目的地，如果没有找到这样的路由器，该主机就把 IP 数据报传送给一个被称为默认网关（Default Gateway）的路由器。默认网关是每台主机上的一个配置参数，也是接在同一个网络上的某个路由器接口的 IP 地址，在路由器转发 IP 数据报时，只根据 IP 数据报的目的 IP 地址的网络号部分选择合适的接口，把 IP 数据报传送出去。与主机一样，路由器也要判定接口所连接的网络是否是目的子网，如果是目的子网，就直接通过接口把包传送给网络，否则选择下一个路由器传送包。路由器也有默认网关，用来传送不知道往哪儿送的 IP 数据报。路由器能把知道往哪儿送的 IP 数据报正确地传送出去，不知道往哪儿送的 IP 数据报传送给默认网关，这样一级一级地传送，IP 数据报最终将被传送到目的地，而传送不到目的地的 IP 数据报则被网络丢弃。

目前的 TCP/IP 网络，全部是通过路由器互连起来的，因特网就是成千上万个 IP 子网通过路由器互连起来的国际性网络。这种网络被称为以路由器为基础的网络（Router Based Network），形成了以路由器为节点的"网间网"。在"网间网"中，路由器不仅负责转发 IP 分组，还负责联络别的路由器，共同确定"网间网"的路由选择和维护路由表。

路由动作包括两项基本内容：寻径和转发。寻径是指判定到达目的地的最佳路径，由路由选择算法来实现。由于涉及不同的路由选择协议和路由选择算法，因此判定最佳路径相对要复杂一些。为了判定最佳路径，路由选择算法必须启动并维护包含路由信息的路由表，其中路由信息因依赖于所用的路由选择算法的不同而不尽相同。路由选择算法将收集到的不同信息填入路由表，根据路由表可将目的网络与下一站（Next Hop）的关系告诉路由器。

路由器之间互通信息进行路由更新，更新和维护路由表使其能正确反映网络的拓扑变化，并由路由器根据量度决定最佳路径，这就是路由选择协议（Routing Protocol）。路由选择协议包括路由信息协议（RIP）、开放式最短路径优先协议（OSPF）和边界网关协议（BGP）等。

转发是指沿寻找好的最佳路径传送信息分组。当一个分组到达路由器时，路由器首先在路由表中查找是否存在与分组目标地址匹配的条目，并且判断是否知道如何将分组发送到下一个站点（路由器或主机），如果路由器不知道如何发送分组，则通常将该分组丢弃，否则根据路由表的相应表项将分组发送到下一个站点，如果目的网络直接与路由器相连，路由器就把分组直接发送到相应的端口上，这就是路由转发协议（Routed Protocol）。

路由转发协议和路由选择协议是相互配合又相互独立的概念，前者使用后者维护的路由表，同时后者利用前者提供的功能发布路由协议数据分组。下文中提到的路由协议，除非特别说明，都是指路由选择协议，这也是普遍的习惯。

典型的路由选择方式有两种：静态路由和动态路由。

静态路由是路由器中设置的固定的路由表。除非网络管理员干预，否则静态路由不会发生变化。由于静态路由不能对网络的改变做出反应，一般用于网络规模不大、拓扑结构固定的网络中。静态路由的优点是简单、高效、可靠。在所有的路由中，静态路由的优先级最高。当动态路由与静态路由发生冲突时，以静态路由为准。

动态路由是网络中的路由器之间相互通信，传递路由信息，利用收到的路由信息更新路由器表的过程，能实时地适应网络结构的变化。如果路由更新信息表明发生了网络变化，则路由选择软件会重新计算路由，并发出新的路由更新信息。这些信息通过各个网络，引起各路由器重新启动其路由算法并更新各自的路由表，以动态地反映网络拓扑变化。动态路由适用于网络规模大、网络拓扑复杂的网络。当然，各种动态路由协议会不同程度地占用网络带宽和 CPU 资源。

静态路由和动态路由有各自的特点和适用范围，因此在网络中动态路由通常作为静态路由的补充。当一个分组在路由器中进行寻径时，路由器首先查找静态路由，如果查到，则根据相应的静态路由转发分组，否则查找动态路由。

根据是否在一个自治域内部使用，动态路由协议分为内部网关协议（IGP）和外部网关协议（EGP）。这里的自治域是指一个具有统一管理机构、统一路由策略的网络。自治域内部采用的路由选择协议被称为内部网关协议，常用的有 RIP、OSPF。外部网关协议主要用于多个自治域之间的路由选择，常用的有 BGP 和 BGP-4。

3.1.10　IP 实用程序

对网络用来说，了解和掌握几个实用的 IP 实用程序会有助于自己更好地使用和维护网络。这里介绍 4 个基本的基于 Windows 操作系统的 IP 实用程序。

1）ping

ping 程序是用于检测一帧数据从当前主机传送到目的主机的程序。当网络运行出现故障时，采用 ping 程序来预测故障和确定故障源是非常有效的。如果执行 ping 命令不成功，那么可以预测故障出现在以下几方面：网线是否连通，网络适配器的配置是否正确，IP 地址是否可用等。如果执行 ping 命令成功而网络仍无法使用，那么问题很可能出在网络系统的软件配置方面，ping 成功只能保证当前主机与目的主机之间存在一条连通的物理路径。ping 程序提供了许多参数。例如，-t 参数可以使当前主机不断地向目的机发送数据，直到使用快捷键"Ctrl+C"中断；-n 参数可以确定向目的主机发送的数据帧数。

在 Linux 操作系统中，有与 ping 程序同名的程序。

2）ipconfig

ipconfig 程序用于显示主机内 IP 协议的配置，采用 Windows 窗口的形式显示具体信息。这些信息包括网络适配器的物理地址、主机的 IP 地址、子网掩码、默认网关，以及主机的相关信息（如主机名、DNS 服务器、节点类型等）。其中，网络适配器的物理地址在检测网络错误时非常有用。

在 Linux 操作系统中，与 ipconfig 程序对应的是 ifconfig 程序。

3）tracert

tracert 程序的功能是判断数据包到达目的主机所经过的路径、显示数据包经过的中继点清单和到达时间。我们可以使用-d 参数决定是否解析主机名。

在 Linux 操作系统中，与 tracert 程序对应的是 traceroute 程序。

4）netstat

netstat 程序有助于我们了解网络的整体使用情况。netstat 程序可以显示当前正在活动的网络连接的详细信息，如采用的协议类型、当前主机与远端相连主机（一个或多个）的 IP 地址及当前主机与远端之间的连接状态等。netstat 程序提供的较为常用的参数是-e（显示以太网的统计信息）和-s（显示所有协议的使用状态，这些协议包括 TCP 协议、UDP、IP 协议。一般，这两个参数是结合在一起使用的）。另外，-p 参数可以选择并查看特定协议的具体使用信息；-a 参数可以显示所有主机的端口号；-r 参数显示当前主机的详细路由信息。

在 Linux 操作系统中，有与 netstat 程序同名的程序。

在 DOS 方式或 Windows 操作系统的命令提示符窗口中，输入程序名即可运行 netstat 程序。灵活使用这几个程序可以使读者大体了解主机的网络使用情况。

3.2 TCP 协议

3.2.1 TCP 协议的简介

在 TCP/IP 参考模型中，传输层有两个协议，一个是 TCP 协议，另一个是 UDP。下面介绍 TCP 协议。

我们已经知道了 IP 协议很重要，IP 协议中已经规定了数据传输的主要内容，那 TCP（Transmission Control Protocol）协议是做什么的呢？不知道读者有没有发现，IP 协议中定义的传输是单向的。也就是说，我们不知道发出去的货物对方有没有收到，就像 8 毛钱一份的平信一样。那么，对于重要的信件我们要寄挂号信怎么办呢？TCP 协议就是帮我们寄"挂号信"的。TCP 协议提供了可靠的、面向对象的数据流传输服务的规则和约定。简单地说，在 TCP 模式中，对方发送一个数据报给你，你要发送一个确认数据报给对方，通过这种确认来提供可靠性。TCP 协议是一种能够提供面向连接的、可靠字节流服务的传输层协议。

从应用程序的角度看，TCP 协议提供的服务有以下 7 个主要特征。

- 面向连接（Connection Orientation）。TCP 提供的是面向连接的服务，一个应用程序必须先请求一个到目的地的连接，然后使用这个连接传输数据。
- 点对点通信（Point-to-Point Communication）。每个 TCP 连接都有两个端点。
- 完全可靠性（Complete Reliability）。TCP 确保通过一个连接发送的数据按发送时的顺序正确地送到，并且不会发生数据丢失或乱序的情况。
- 全双工通信（Full Duplex Communication）。一个 TCP 连接允许数据在任何方向流动，并允许任何一个应用在任何时刻发送数据。TCP 能够在两个方向上缓冲输入和输出的数据，这就使得一个应用在发送数据后，可以在数据传输时继续自己的计算工作。
- 流接口（Stream Interface）。TCP 提供了一个流接口，应用利用该接口可以发送一个连续的字节流穿过连接。也就是说，TCP 并不提供记录式的表示法，也不确保数据传递到接收端应用时会与发送端应用有同样尺寸的段。
- 可靠的连接建立（Reliable Connection Startup）。TCP 要求当两个应用创建一个连接时，两端必须遵从新的连接。前一次连接所用的重复的包是非法的，不会影响新的连接。
- 友好的连接释放（Graceful Connection Shutdown）。一个应用程序能打开一个连接，先发送任意数量的数据，然后请求释放连接。TCP 确保在关闭连接之前传递的所有数据的可靠性。

TCP 协议特点的概括如下。

TCP 协议提供一个完全可靠的（没有数据重复或丢失）、面向连接的、全双工的流传输服务，允许两个应用程序建立一个连接，并先在任何一个方向上发送数据，再释放连接。每个 TCP 连接可靠地建立，友好地释放，在释放发生之前的所有数据都会被可靠地传递。

从上面的定义可以总结出 TCP 协议有两种特性：面向连接和可靠的字节流。面向连接意味着两个使用 TCP 协议的应用实体（通常是一个客户和一个服务器）在彼此交换数据之前必须先建立一个 TCP 连接。TCP 协议通过三次握手过程建立连接。在 3.2.3 节中，将详细介绍 TCP 协议的三次握手过程。

可靠的字节流，即 TCP 协议应用利用 IP 协议提供的不可靠的数据报服务，为应用程序提供可靠的数据传输服务，解决了数据报丢失、延迟和重复的问题，同时保证不让底层的网络和路由器过载。

TCP 协议通过下列方式提供可靠性。

- 应用数据被分割成 TCP 认为最适合发送的数据块。应用程序产生的数据报长度将保持不变。由 TCP 传递给 IP 的信息单位被称为报文段或段（Segment）。
- 当 TCP 发出一个段后，会启动一个定时器，等待目的端确认收到这个段。如果不能及时收到一个确认，则重发这个段。
- 当 TCP 收到来自 TCP 连接另一端的数据时，将发送一个确认信息。这个确认信息不是立即发送的，通常推迟几分之一秒发送，以便一起发送这个确认信息和同方向的数据。
- TCP 将保持首部和数据的检验和。这是一个端到端的检验和，目的是检测数据在传输过程中的任何变化。如果收到段的检验和有差错，TCP 将丢弃这个段和不发送收到此段的确认信息（希望发送端超时并重发）。
- 由于 TCP 段作为 IP 数据报来传输，而 IP 数据报的到达可能会失序，因此 TCP 段的到达也可能会失序。如果必要，TCP 将对收到的数据进行重新排序，并以正确的顺序交给应用层。
- IP 数据报可能发生重复，TCP 的接收端必须丢弃重复的数据。
- TCP 能提供流量控制。TCP 连接的每一方都有固定大小的缓冲空间。TCP 的接收端只允许另一端发送接收端缓冲区所能接纳的数据。这能防止较快主机使较慢主机的缓冲区溢出。

两个应用程序通过 TCP 连接交换 8bit 的字节构成的字节流。TCP 不在字节流中插入记录标识符，这被称为字节流服务（Byte Stream Service）。

3.2.2　TCP 段格式

TCP 协议对所有的消息采用了一种简单的格式，包括携带数据的消息、确认及三次握手中用于建立和释放一个连接的消息。TCP 协议使用段指明一个消息，图 3-2-1 所示为 TCP 段格式。

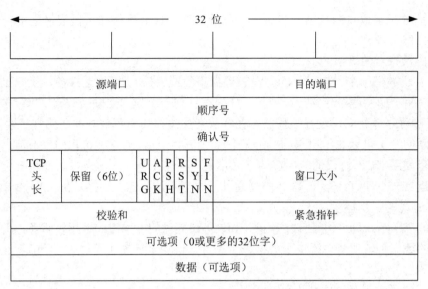

图 3-2-1　TCP 段格式

　　为了理解段格式，读者有必要记住 TCP 连接包含两个数据流，并且每个方向上各有一个。如果每一端的应用同时发送数据，TCP 就能在发送的一个单独的段中携带对输入数据的确认，指出输入数据可用的缓冲区数量的窗口通告和输出的数据，因此段中的某些域对应的是前进方向上的数据流，另一些域对应的是反方向上的数据流。

　　每个 TCP 段都包含源端和目的端的端口号，用于寻找发送端和接收端应用进程。源端和目的端的端口号加上 IP 首部中的源端 IP 地址及目的端 IP 地址，可以唯一确定一个 TCP 连接。有时，一个 IP 地址和一个端口号又被称为一个套接字（Socket）。套接字这个术语出现在最早的 TCP 规范（RFC793）中，后来作为伯克利版的编程接口。套接字对（Socket Pair）（包含客户 IP 地址、客户端口号、服务器 IP 地址和服务器端口号的四元组）可唯一确定互联网中每个 TCP 连接的双方。

　　序号用于标识从 TCP 源端向 TCP 目的端发送的数据字节流，表示在段中的第 1 个数据字节。如果将字节流看作两个应用程序之间的单向流动，则 TCP 用序号对每个字节进行计数。序号是 32bit 的无符号数，序号达到 $2^{32}-1$ 后从 0 开始。

　　当建立一个新的连接时，同步序号 SYN 标志位变为 1。顺序号字段包含由客户主机选择的该连接的初始顺序号（Initial Sequence Number，ISN）。该主机要发送数据的第 1 个字节顺序号为这个初始顺序号加 1，因为 SYN 标志消耗了一个顺序号（在 3.2.3 节中，将详细介绍 TCP 如何建立和释放连接，届时我们将看到 FIN 标志也要占用一个顺序号）。

　　既然每个传的字节都被计数，确认顺序号包含发送确认的一端所期望收到的下一个顺序号。因此，确认号（Acknowledge Number，ACK）应当是上次已成功收到数据字节顺序号加 1。只有 ACK 标志位（下面介绍）为 1 时，ACK 字段才有效。

　　发送 ACK 不需要任何代价，因为 32bit 的 ACK 字段和 ACK 标志位一样，总是 TCP 头部的一部分，因此一旦建立一个连接，ACK 字段总是被设置，ACK 标志位也总是被设置为 1。

　　TCP 为应用层提供全双工服务，意味数据能在两个方向独立地进行传输，因此连接的每一端必须保持每个方向上的传输数据序号，即顺序号和 ACK。

TCP 头长字段给出 TCP 头部中 32bit 的字节的数目。我们需要这个数目是因为任选字段的长度是可变的。TCP 头长字段占 4bit，因此 TCP 最多有 60 字节的头部。如果没有任选字段，则正常的 TCP 头部长度是 20 字节。

在 TCP 头部中有 6 个标志比特。多个标志比特可同时被设置为 1。下面简单介绍这 6 个标志比特的用法，更详细的介绍请读者参考 TCP/IP 协议的相关参考书。

- URG：紧急指针（Urgent Pointer）有效。
- ACK：确认序号有效。
- PSH：接收方应该尽快将这个段交给应用层。
- RST：复位连接。
- SYN：用于发起一个连接。
- FIN：发送端完成发送任务。

TCP 的流量控制由连接的每一端通过声明的窗口大小来提供。窗口大小为字节数，起始于 ACK 字段指明的值，这个值是接收端能够接收的字节。窗口大小是一个 16bit 的字段，因此窗口大小最大为 65 535 字节。

校验和字段是覆盖了整个的 TCP 段的校验值：TCP 首部和 TCP 数据。校验和字段是一个强制性的字段，一定由发送端计算和存储，并由接收端进行验证。

只有当 URG 标志为 1 时，紧急指针字段才有效。紧急指针是一个正的偏移量，和序号字段中的值相加表示紧急数据最后一个字节的序号。TCP 的紧急方式是发送端向另一端发送紧急数据的一种方式。

最常见的选项字段是最长报文大小（Maximum Segment Size，MSS）。每个连接方通常都在通信的第一个段（为建立连接而设置 SYN 标志的段）中指明最长报文大小。最长报文大小指明本端所能接收的最大长度的段。

关于选项字段的更详细的介绍，请读者参考 TCP/IP 协议的相关参考书。

3.2.3　TCP 连接的建立与释放

TCP 是一个面向连接的协议。无论哪一方向另一方发送数据，都必须先在双方之间建立一条连接。本节将详细地介绍一个 TCP 连接如何建立及通信结束后如何释放。

为了读者更容易理解，我们利用协议分析工具 Sniffer Pro 讲解 TCP 连接的建立与释放过程，读者在学习的过程中能直观地看到数据的具体传输过程，从而加深对协议的理解。关于 Sniffer Pro 的使用请读者参考相关参考文献。

下面作者通过收取邮件的过程，介绍 TCP 连接的建立与释放过程。

首先，启动 Sniffer Pro 抓包过程。

然后，使用 Foxmail 收取邮件。

最后，停止 Sniffer Pro 抓包过程。下面详细地分析一下使用 Foxmail 收取邮件的 TCP 连接的建立与释放过程。

图 3-2-2 中用方框框选的 3 行数据就是作者的主机与西北工业大学的邮件服务器建立连接的过程。

```
000997AC7603      Broadcast        ARP: C PA=[20.20.17.95] PRO=IP
CHENWU-HOME       [61.134.1.9]     DNS: C ID=31253 OP=QUERY NAME=pop3.nwpu.edu.cn
[61.134.1.9]      CHENWU-HOME      DNS: R ID=31253 OP=QUERY STAT=OK NAME=pop3.nwpu.edu.cn
CHENWU-HOME       nwpu03.nwpu.edu  TCP: D=110 S=3727 SYN SEQ=2012908778 LEN=0 WIN=14600
nwpu03.nwpu.edu   CHENWU-HOME      TCP: D=3727 S=110 SYN SEQ=3192283407 LEN=(
CHENWU-HOME       nwpu03.nwpu.edu  TCP: D=110 S=3727     ACK=3192283408 WIN=14600
nwpu03.nwpu.edu   nwpu03.nwpu.edu  POP3: R PORT=3727   +OK POP3 ready
CHENWU-HOME       nwpu03.nwpu.edu  POP3: C PORT=110     USER chenwu
CHENWU-HOME       nwpu03.nwpu.edu  TCP: D=3727 S=110    ACK=2012908792 WIN=49680
nwpu03.nwpu.edu   CHENWU-HOME      POP3: R PORT=3727   +OK
```

图 3-2-2　建立连接三次握手的抓包信息

这 3 行数据表示的就是 TCP 协议的三次握手。建立 TCP 连接的过程就是三次握手的过程。

三次握手的过程就像某甲向某乙借几本书的过程。第一步，某甲说："你好，我是某甲"；第二步，某乙说："你好，我是某乙"；第三步，某甲说："我找你借几本书。"这样通过问答就确认了对方身份，建立了联系。

下面分析一下此例的三次握手过程。

（1）发起连接的请求端，作者的主机"CHENWU-HOME"发送一个初始顺序号（SEQ）为 2012908778 的数据报给西北工业大学的邮件服务器"nwpu03.nwpu.edu"。

（2）邮件服务器收到这个数据报后，将此数据报的序号加 1（值为 2012908779）作为 ACK，同时随机产生一个初始顺序号 3192283407，组成一个新的数据报发送给请求端"CHENWU-HOME"，意思为"消息已收到，让我们的数据流以 3192283407 开始作为后继数据报的顺序号。"

（3）"CHENWU-HOME"收到数据报后，将 ACK 设置为服务器的初始顺序号 3192283407 加 1（值为 3192283408）作为服务器端发送的数据报的 ACK。

以上三步完成了三次握手，双方建立了一条通道，接下来就可以传输数据了。图 3-2-3 所示为建立 TCP 连接三次握手过程。

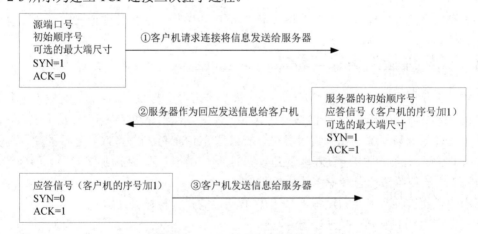

图 3-2-3　建立 TCP 连接三次握手过程

下面介绍释放 TCP 连接的过程。建立一个连接需要经过三次握手，而释放一个连接要经过四次握手。这是因为一个 TCP 连接是全双工（数据在两个方向上能同时传输）的，每个方向必须单独释放连接。四次握手实际上就是双方单独释放连接的过程。

Foxmail 收取邮件结束后，释放与服务器的连接。图 3-2-4 中用方框框选的 4 行数据显示的就是释放连接所经过的四次握手的过程。

```
CHENWU-HOME      nwpu03.nwpu.edu POP3: C PORT=110    STAT
nwpu03.nwpu.edu CHENWU-HOME      POP3: R PORT=3728   +OK 0 0
CHENWU-HOME      nwpu03.nwpu.edu POP3: C PORT=110    QUIT
nwpu03.nwpu.edu CHENWU-HOME      POP3: R PORT=3728   +OK
nwpu03.nwpu.edu CHENWU-HOME      TCP: D=3728 S=110 FIN ACK=2013318411 SEQ=3192984741 LEN=0
CHENWU-HOME      nwpu03.nwpu.edu TCP: D=110 S=3728     ACK=3192984742 WIN=14523
CHENWU-HOME      nwpu03.nwpu.edu TCP: D=110 S=3728 FIN ACK=3192984742 SEQ=2013318411 LEN=0
nwpu03.nwpu.edu CHENWU-HOME      TCP: D=3728 S=110     ACK=2013318412 WIN=49680
000997AC7603     Broadcast        ARP: C PA=[20.20.17.68] PRO=IP
000997AC7603     Broadcast        ARP: C PA=[20.20.17.87] PRO=IP
```

图 3-2-4　释放连接的抓包信息

第 1 行数据显示收取邮件后，邮件服务器将 FIN 设置为 1，连同初始顺序号 3192984741 发送给"CHEN-HOME"，请求释放连接。

第 2 行数据显示"CHEN-HOME"收到 FIN 关闭请求后，发送回一个 ACK，并将应答信号设置为收到的顺序号加 1，这样可以释放这个方向上的传输。

第 3 行数据显示"CHEN-HOME"将 FIN 设置为 1，连同初始顺序号 2013318411 发给邮件服务器请求释放连接。

第 4 行数据显示邮件服务器收到 FIN 关闭请求后，发送回一个 ACK，并将应答信号设置为收到的顺序号加 1，至此 TCP 连接彻底释放。

3.3　UDP

3.3.1　UDP 的简介

UDP 是与 TCP 相对应的协议。UDP 是面向非连接的协议，不与对方建立连接，而是直接把数据报发送出去。

UDP 适用于一次只传输少量数据、对可靠性要求不高的应用环境。例如，我们经常使用 ping 命令来测试两台主机之间的 TCP/IP 通信是否正常，其实 ping 命令的原理就是先向对方主机发送 UDP 数据报，再由对方主机确认收到数据报，如果数据报是否到达的消息及时反馈回来，那么网络是通畅的。又如，在默认状态下，一次"ping"操作发送 4 个数据报，我们可以看到，发送的数据报数量是 4 包，收到的也是 4 包（因为对方主机收到后会发回一个确认收到的数据报）。这充分说明了 UDP 是面向非连接的协议，没有建立连接的过程。正因为 UDP 没有连接的过程，所以其通信效率高，但也正因为如此，其可靠性不如 TCP 协议的高。QQ 就使用 UDP 发消息，因此有时会出现收不到消息的情况。

TCP 协议和 UDP 各有优势，适用于不同要求的通信环境。TCP 协议与 UDP 的差别如表 3-3-1 所示。

表 3-3-1　TCP 协议与 UDP 的差别

比较项	TCP 协议	UDP
是否连接	面向连接	面向非连接
传输可靠性	可靠的	不可靠的
应用场合	传输大量数据，单播	传输少量数据，单播、组播、广播
速度	慢	快

3.3.2　UDP 报头格式

UDP 的各字段如图 3-3-1 所示。

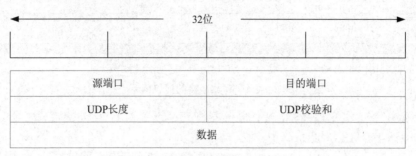

图 3-3-1　UDP 的各字段

其中，端口号区分发送进程和接收进程，与 TCP 协议的端口号的功能相同。TCP 与 UDP 的端口号是相互独立的。尽管 TCP 与 UDP 的端口号相互独立，但如果这两个协议同时提供某种知名服务，则这两个协议通常选择相同的端口号，这纯粹是为了使用方便，而不是协议本身的要求。

UDP 长度字段指的是 UDP 首部和 UDP 数据的字节长度，其最小值为 8 字节（发送一份 0 字节的 UDP 数据报是允许的）并且是冗余的。IP 数据报长度指的是数据报全长，因此 UDP 数据报长度是全长减去 IP 首部的长度。

UDP 检验和覆盖 UDP 首部和 UDP 数据。UDP 和 TCP 在首部中都有覆盖首部和数据的检验和。UDP 的检验和是可选的，而 TCP 的检验和是必需的。

3.4　习题

一、选择题

1. 将 IP 网络划分成子网，这样做的好处是（　　　）。
   A．增加冲突域的大小　　　　　　　　　　B．增加主机的数量
   C．减少广播域的大小　　　　　　　　　　D．增加网络的数量
2. CIDR 技术的作用是（　　　）。
   A．把小的网络汇聚成大的超网
   B．把大的网络划分成小的子网
   C．解决地址资源不足的问题
   D．由多台主机共享同一个网络地址
3. ARP 的功能是（　　　）。
   A．根据 IP 地址查询 MAC 地址　　　　　B．根据 MAC 地址查询 IP 地址
   C．根据域名查询 IP 地址　　　　　　　　D．根据 IP 地址查询域名
4. 为了解决 IP 地址耗尽的问题，可以采取以下一些措施，其中治本的是（　　　）。
   A．划分子网　　　　　　　　　　　　　　B．采用无类比编码 CIDR
   C．采用网络地址转换 NAT　　　　　　　D．采用 IPv6

5. 在下列关于传输层协议中，面向连接的描述错误的是（　　）。

    A．面向连接的服务需要经历 3 个阶段：连接建立、数据传输及连接释放

    B．当链路不发生错误时，面向连接的服务可以保证数据到达的顺序是正确的

    C．面向连接的服务有很高的效率和时间性能

    D．面向连接的服务提供了一个可靠的数据流

6. 在下列关于 TCP 工作原理与过程的描述中，错误的是（　　）。

    A．TCP 连接的建立过程需要经过三次握手

    B．TCP 连接建立后，客户端与服务器端的应用进程进行全双工的字节流传输

    C．TCP 连接的释放过程很复杂，只有客户端才可以主动提出释放连接的请求

    D．TCP 连接的释放过程需要经过四次握手

7. 若大小为 12 字节的应用层数据分别通过 1 个 UDP 数据报和 1 个 TCP 段传输，则该 UDP 数据报和 TCP 段实现的有效载荷（应用层数据）最大传输效率分别是（　　）。

    A．37.5%和 16.7%　　　　　　　　　B．37.5%和 37.5%

    C．60.0%和 16.7%　　　　　　　　　D．60.0%和 37.5%

8. 使用 UDP 的网络应用，其数据传输的可靠性由（　　）负责。

    A．传输层　　　　　　　　　　　　B．应用层

    C．数据链路层　　　　　　　　　　D．网络层

9. 在下列网络应用中，（　　）不适合使用 UDP。

    A．客户机/服务器领域　　　　　　B．远程调用

    C．实时多媒体应用　　　　　　　　D．远程登录

10. 在下列关于 UDP 的叙述中，正确的是（　　）。

（1）提供无连接服务

（2）提供复用/分用服务

（3）通过差错校验，保证可靠数据传输

    A．（1）　　　　　　　　　　　　　B．（1）、（2）

    C．（2）、（3）　　　　　　　　　　D．（1）、（2）、（3）

二、填空题

1. ＿＿＿＿＿是一个无连接的协议，主要负责数据报的寻址和路由。

2. 数据报的寻址和路由主要依据 IP 协议所提供的标识：＿＿＿＿＿。

3. ＿＿＿＿＿是一种能够提供面向连接的、可靠字节流服务的传输层协议，而与其相对的，面向非连接的协议是＿＿＿＿＿。

三、简答题

1. 简述 IP 协议的意义。

2. 分析 TCP 协议与 UDP 的差别和各自的应用场景。

3. 简述 TCP 连接的建立与释放过程。

4. 简述 ping、ipconfig、tracert、netstat 等程序的作用并练习相关命令的使用。

第 4 章

DHCP 服务器

前面 3 章介绍了因特网的基本概念、如何接入因特网及因特网的基础——TCP/IP 协议。这些内容是下面几章内容的基础，也是理论性较强的内容。从本章起，将介绍一些需要动手进行实际操作的技术内容。

我们之所以要让自己的计算机接入因特网，目的就是想要获取一些信息服务。从本章起，将介绍如何向接入因特网的用户提供各种信息服务，下面先从最基本的信息服务——IP 地址的自动分配开始。

4.1 DHCP 服务的简介

4.1.1 DHCP 的作用

因特网中的每台计算机必须拥有合法的 IP 地址才能与其他主机进行通信。如果网络规模较小，管理员可以手动为网络中的每台计算机设置 IP 地址。设置 IP 地址的方法在第 2 章中已经介绍过了。当网络规模扩大，或者机构拥有的合法 IP 地址数少于机构中的计算机数，以及并非所有的计算机都会同时开机工作时，为每台计算机手动配置 IP 地址显得不切实际。DHCP 服务就是为解决这类问题而诞生的。

DHCP 是 Dynamic Host Configuration Protocol 的缩写，前身是 BOOTP。一台 DHCP 服务器可以让管理员集中指派和指定全局的及子网特有的 TCP/IP 参数（包括 IP 地址、网关、DNS 服务器等）。客户机不需要手动配置，而是自动从 DHCP 服务器上获得合法的 TCP/IP 参数。

由 DHCP 服务器集中分配 IP 地址，不仅避免了因手工输入而可能造成的错误，而且当网络的逻辑结构发生变化时，只需更新 DHCP 服务器的相关配置信息，整个子网的计算机的 TCP/IP 参数会随之更新。

另外，当 DHCP 客户机断开与 DHCP 服务器的连接后，旧的 IP 地址将被释放，以便重新使用。例如，你只拥有 20 个合法的 IP 地址，而你管理的机器有 50 台，只要这 50 台机器同时使用服务器 DHCP 服务的数量不超过 20，就不会产生 IP 地址资源不足的情况。又如，我们是拨号上网的用户，那么 ISP 采用 DHCP 服务，用较少的合法 IP 地址满足较多的用户上网的需求。

4.1.2 DHCP 的工作原理

在使用 DHCP 时，整个网络至少有一台服务器上安装了 DHCP 服务，其他要使用 DHCP

功能的工作站必须设置为利用 DHCP 获得 IP 地址。图 4-1-1 所示为 DHCP 网络实例。

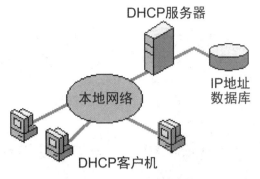

图 4-1-1 DHCP 网络实例

当启动 DHCP 客户机,第一次登录网络时,HDCP 客户机主要通过 4 个阶段与 DHCP 服务器建立联系,如图 4-1-2 所示。

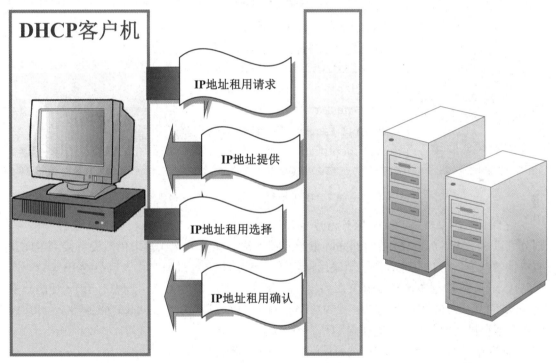

图 4-1-2 DHCP 的工作过程

1)DHCP 客户机发送 IP 地址租用请求(DHCP DISCOVER)

这个阶段是 DHCP 客户机寻找 DHCP 服务器的阶段。DHCP 客户机以广播方式(因为 DHCP 服务器的 IP 地址对 DHCP 客户机来说是未知的)发送 DHCP DISCOVER 消息来寻找 DHCP 服务器,即向地址 255.255.255.255 发送特定的广播消息。网络上每台安装了 TCP/IP 协议的主机都会收到这种广播消息,但只有 DHCP 服务器才会做出响应,如图 4-1-3 所示。

2)DHCP 服务器提供 IP 地址(DHCP OFFER)

这个阶段是 DHCP 服务器提供 IP 地址的阶段。在网络中,收到 DHCP DISCOVER 消息的 DHCP 服务器都会做出响应,并从尚未出租的 IP 地址中挑选一个分配给 DHCP 客户机,向 DHCP 客户机发送一个包含出租的 IP 地址和其他设置参数的 DHCP OFFER 消息，如图 4-1-3 所示。

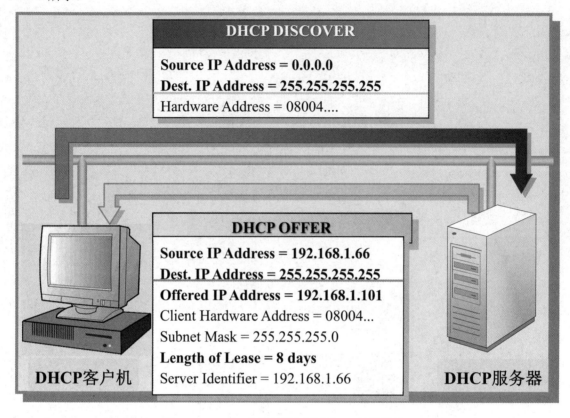

图 4-1-3　DHCP IP 地址租用请求和 IP 地址提供

当 DHCP 客户机与 DHCP 服务器建立联系时，如果客户机等待 1s，但服务器没有回应，则分别以 2s、4s、8s、16s 的时间间隔重新广播 4 次。如果第 4 次请求仍然没有接到 DHCP 服务器的响应，则 DHCP 客户机会采用保留的自动私有 IP 地址暂时作为自己的 IP 地址，同时每隔 5min 继续尝试寻找 DHCP 服务器，以获得正确的 IP 地址。自动私有 IP 地址的范围是 169.254.0.1～169.254.255.254。使用自动私有 IP 地址可以使得当 DHCP 服务器不可用时，DHCP 客户机之间仍然可以利用自动私有 IP 地址进行通信。

3）DHCP 客户机进行 IP 地址租用选择（DHCP REQUEST）

这个阶段是 DHCP 客户机选择某台 DHCP 服务器提供的 IP 地址的阶段。如果有多台 DHCP 服务器向 DHCP 客户机发送 DHCP OFFER 消息，则 DHCP 客户机只接收第 1 个到达的 DHCP OFFER 消息，并以广播方式回答一个 DHCP REQUEST 消息。该消息中包含向 DHCP 客户机所选定的 DHCP 服务器请求 IP 地址的内容。DHCP 客户机之所以要以广播方式回答，是为了通知所有 DHCP 服务器，将选择某台 DHCP 服务器所提供的 IP 地址。

4）DHCP 服务器进行 IP 地址租用确认（DHCP ACK）

这个阶段是 DHCP 服务器确认所提供的 IP 地址的阶段。如图 4-1-4 所示，当 DHCP 服务器收到 DHCP 客户机回答的 DHCP REQUEST 消息之后，首先向 DHCP 客户机发送一个包含 DHCP 服务器所提供的 IP 地址和其他设置的 DHCP ACK 消息，告诉 DHCP 客户机可以使用该 IP 地址；然后 DHCP 客户机便将自己的 TCP/IP 协议与网卡进行绑定。除被 DHCP 客户机选中的 DHCP 服务器外，其他的 DHCP 服务器都将收回提供的 IP 地址。

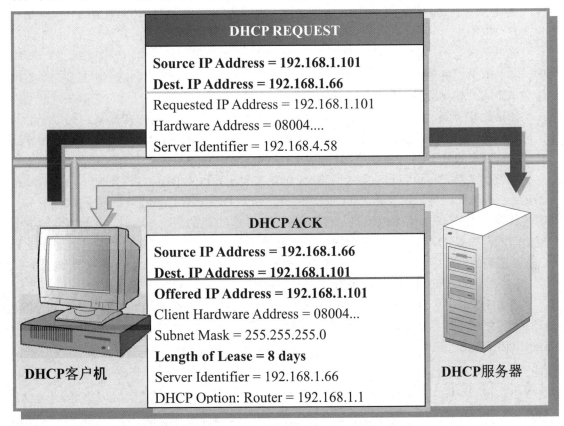

图 4-1-4　DHCP IP 地址租用选择和 IP 地址租用确认

4.1.3　DHCP 客户机 IP 地址的更新与释放

DHCP 客户机得到的 IP 地址并不是永久分配的，而是向 DHCP 服务器租来的（默认租期是 8 天，可更改），如果该客户机想继续使用此 IP 地址，就必须向 DHCP 服务器续租。

1）DHCP 客户机持续工作时的 IP 地址更新

当租期到达 50%时，DHCP 客户机向 DHCP 服务器发送 DHCP REQUEST 请求，以续订租约。如果续订租约成功，则 DHCP 服务器向 DHCP 客户机发送 DHCP ACK 消息，客户机 IP 地址更新成功，使用新租约；如果续订租约失败，则 DHCP 客户机继续使用原来的租约。

如果 DHCP 客户机在租期到达 50%时没有更新成功，则其将在租期到达 87.5%时，再次向租用 IP 地址的 DHCP 服务器发送 DHCP REQUEST 请求，以续订租约。如果续订租约成功，则 DHCP 服务器向 DHCP 客户机发送 DHCP ACK 消息，客户机 IP 地址更新成功，使用新租约；如果续订租约失败，则 DHCP 客户机将向所有 DHCP 服务器广播发送 DHCP DISCOVERY 消息来请求租用 IP 地址。如果 DHCP 客户机收到 DHCP OFFER 消息，则使用新租约；如果 DHCP 客户机没有收到回应，则仍然使用原来的租约。

如果租约过期或无法与其他的 DHCP 服务器进行通信，则 DHCP 客户机将无法使用现有的 IP 地址租约，会回到初始启动状态，利用前面所述的步骤重新获取 IP 地址租约。

2）DHCP 客户机重启时的 IP 地址更新

如果 DHCP 客户机已经从 DHCP 服务器上获得了一个租约，在其重新启动登录网络时将进行以下操作。

如果还有上次被分配的 IP 地址的信息，则 DHCP 客户机将发送 DHCP REQUEST 消息，尝试与 DHCP 服务器进行通信，以更新自己的租约。DHCP 服务器收到这个消息后，会尝试让 DHCP 客户机继续使用原来的租约，回答一个 DHCP ACK 消息。

如果此 IP 地址已经无法再分配给原来的 DHCP 客户机使用（如此 IP 地址已经分配给其他计算机），则 DHCP 服务器会向 DHCP 客户机回答一个 DHCP NACK 消息，DHCP 客户机必须释放原来的 IP 地址，重新广播发送 DHCP DISCOVER 消息来请求新的 IP 地址。

当 DHCP 客户机重新启动登录网络时，如果其发现发送的 DHCP REQUEST 消息中没有 DHCP 服务器的回答，则将尝试联络默认网关。如果 DHCP 客户机成功 ping 通默认网关，则其认为仍然在同一个网络中，继续使用现有的租约，当租期到达 50%时，在后台继续尝试更新租约；如果 DHCP 客户机无法成功 ping 通默认网关，则其认为已被移动到一个没有 DHCP 服务的网络中，并利用自动分配 IP 地址的功能给自己分配一个自动私有 IP 地址。

3）手动更新和释放 IP 地址租约

在 DHCP 客户机上，使用"ipconfig/renew"命令可以手动更新 IP 地址租约，使用"ipconfig/release"命令可以手动释放 IP 地址租约，此时 DHCP 客户机将向 DHCP 服务器发送一个 DHCP RELEASE 消息。

4.1.4　DHCP 中继代理

如果用户需要建立多台 DHCP 服务器，但 DHCP 服务器与 DHCP 客户机分别位于不同的网段上，则用户的 IP 路由器必须符合 RFC1542 的规定，即必须具备 DHCP 中继代理的功能。

DHCP 中继代理是一个把某种类型的消息从一个网段转播到另一个网段的程序，能够把 DHCP 广播消息从一个网段转播到另一个网段。

DHCP 中继代理是如何工作的呢？下面通过一个用户实例来说明 DHCP 中继代理的工作过程。

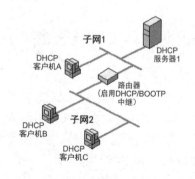

图 4-1-5 展示的是子网 2 中的 DHCP 客户机 C 从子网 1 中的 DHCP 服务器 1 上获得 IP 地址租约的过程，即中继代理。

DHCP 客户机在子网 2 上广播 DHCP DISCOVER 消息。

当 DHCP 中继代理（在本例中是一个具有 DHCP/BOOTP 中继代理功能的路由器）收到 DHCP DISCOVER 消息后，会检查包含在这个消息报头中的网关 IP 地址，如果 IP 地址为 0.0.0.0，则先用 DHCP 中继代理或路由器的 IP 地址替换网关 IP 地址，再将该 IP 地址转发到 DHCP 服务器所在的子网 1 上。

图 4-1-5　DHCP 中继代理

当子网 1 中的 DHCP 服务器 1 收到这个消息后，DHCP 中继代理检查消息中的网关 IP 地址是否包含在 DHCP 范围内，从而决定是否提供 IP 地址租约。如果 DHCP 服务器 1 配置了多个不同的 IP 地址范围，则消息中的网关 IP 地址（GIADDR）用于确定从哪个范围中挑选 IP 地址并提供给客户。

DHCP 服务器 1 将所提供的 IP 地址租约（DHCP OFFER）直接发送到 DHCP 中继代理上。路由器将这个租约以广播方式转发给 DHCP 客户机。

注意：如果要配置多台 DHCP 服务器，则最好将这些 DHCP 服务器分别放在不同的网段中，并且每个 DHCP 服务器上都应建立独立的地址池。地址池中应包含各个网段的 IP 地址。

4.2　在 Windows Server 2016 操作系统下配置 DHCP 服务器

4.2.1　DHCP 服务器的要求

在讲解在 Windows Server 2016 操作系统下配置 DHCP 服务器之前，先介绍一下安装 DHCP 服务器前的注意事项。

1）操作系统的版本必须是 Windows Server 2016

微软提供的服务器端操作系统 Windows Server 2016 和 Windows Server 2016 Datacenter 都包含 DHCP 服务，可以作为 DHCP 服务器为网络中的主机分配 IP 地址。Windows 10 操作系统是不能提供 DHCP 服务的，只能作为 DHCP 客户机。

2）DHCP 服务器必须拥有静态 IP 地址

DHCP 服务器是作为 IP 地址的提供者出现的，如果没有稳定的 IP 地址，就不能提供稳定的 DHCP 服务，因此 DHCP 服务器必须拥有静态 IP 地址。

3）DHCP 服务器必须拥有一个有效的 IP 地址作用域

如果想 DHCP 服务器为 DHCP 客户机分配 IP 地址，就必须在该服务器上创建并配置作用域。作用域是可以分配给某特定子网中 DHCP 客户机的一组合法 IP 地址。例如，作用域 192.168.0.1～192.168.0.100 就是 100 个可以分配给 DHCP 客户机的 IP 地址。

4.2.2　DHCP 服务器的基本配置

下面介绍在 Windows Server 2016 操作系统下实现 DHCP 服务，以及 DHCP 服务器和 DHCP 客户机的基本配置。

安装 DHCP 服务器的步骤如下。

步骤 1：选择"开始"→"服务器管理器"选项（见图 4-2-1），打开"服务器管理器"窗口（见图 4-2-2）；单击"添加角色和功能"按钮，或者选择右上角的"管理"→"添加角色和功能"选项。

步骤 2：在"添加角色和功能向导"窗口中，选择"服务器选择"选项卡，进入"选择目标服务器"界面；选中"从服务器池中选择服务器"单选按钮，在"服务器池"选区中选择要部署 DHCP 服务器的计算机，单击"下一步"按钮，如图 4-2-3 所示。

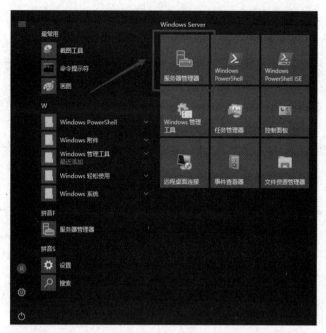

图 4-2-1　选择"服务器管理器"选项 1

图 4-2-2　"服务器管理器"窗口

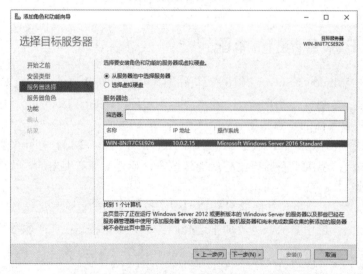

图 4-2-3　选择要部署 DHCP 服务器的计算机

步骤 3：进入"添加 DHCP 服务器所需的功能"界面（见图 4-2-4）中，单击"添加功能"按钮。

图 4-2-4　"添加 DHCP 服务器所需的功能"界面

步骤 4：选择"服务器角色"选项卡，进入"选择服务器角色"界面，勾选"DHCP 服务器"复选框，一直单击"下一步"按钮，直至安装完成，单击"关闭"按钮，如图 4-2-5 所示。

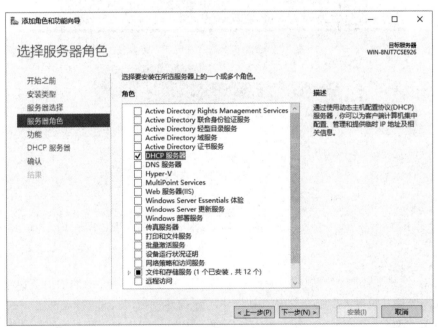

图 4-2-5　选择服务器角色

安装 DHCP 服务后，应该配置 DHCP 的作用域，从而为网络中的主机提供动态分配 IP 地址的服务。配置作用域的过程如下。

步骤 1：选择"开始"→"服务管理器"选项（见图 4-2-6），打开"服务器管理器"窗口，选择"工具"→"DHCP"选项（见图 4-2-7），启动 DHCP 控制台。

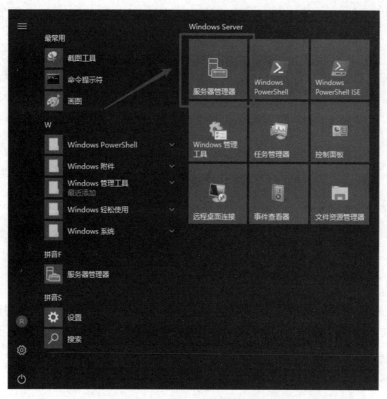

图 4-2-6 选择"服务器管理器"选项 2

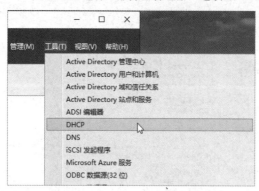

图 4-2-7 选择"DHCP"选项

步骤 2：选择要添加作用域的服务器，右击"IPv4"选项，在弹出的快捷菜单中选择"新建作用域"选项（见图 4-2-8），打开"新建作用域向导"窗口（见图 4-2-9）。

步骤 3：单击"下一步"按钮，进入如图 4-2-10 所示的界面。在"名称"文本框中输入作用域的名称，在"描述"文本框中输入作用域的描述。

步骤 4：单击"下一步"按钮，设置作用域可以分配的 IP 地址范围及子网掩码等内容，如图 4-2-11 所示。在"起始 IP 地址"和"结束 IP 地址"文本框中分别输入作用域的起始 IP 地址和结束 IP 地址，"子网掩码"文本框中会显示相应的默认子网掩码。

图 4-2-8　选择"新建作用域"选项

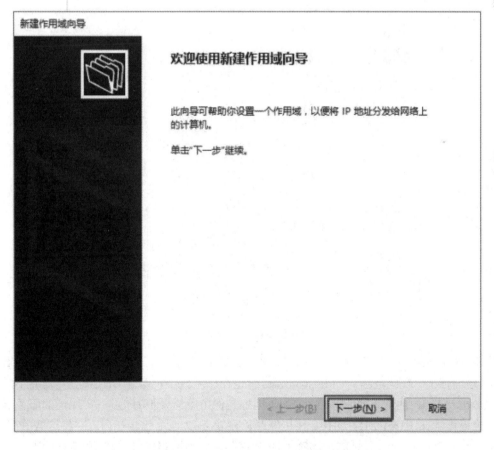

图 4-2-9　"新建作用域向导"窗口

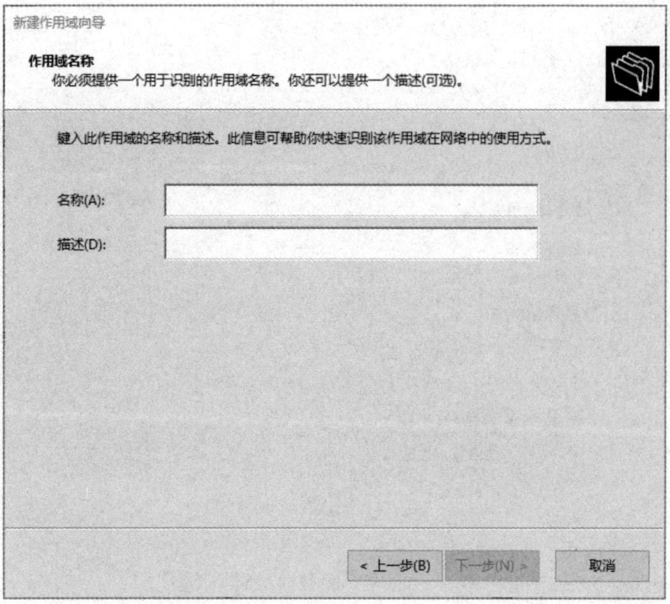

图 4-2-10 "作用域名称"界面

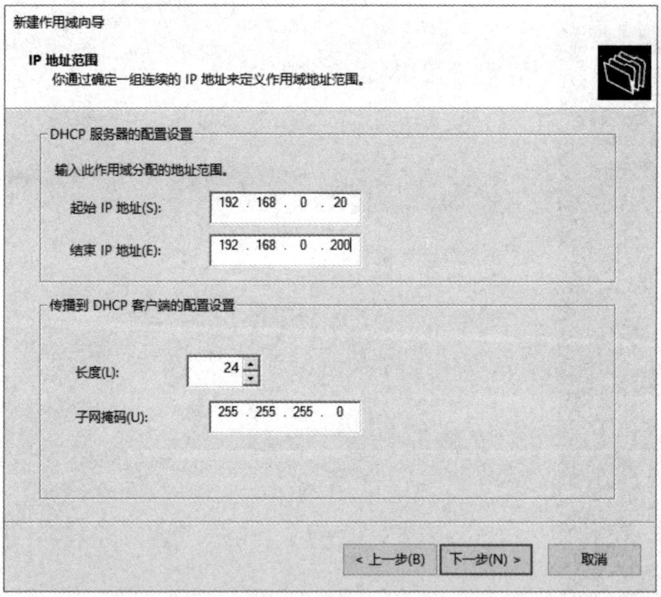

图 4-2-11 设置作用域的 IP 地址范围等内容

步骤 5：单击"下一步"按钮，进入如图 4-2-12 所示的界面。在该界面中，可以设置排除的 IP 地址范围。在此范围内的 IP 地址，尽管也在作用域中，但是 DHCP 服务器并不向其他主机分配这些 IP 地址。通常，排除的 IP 地址是保留给需要拥有静态 IP 地址的服务器使用的。建议读者在工作中创建 DHCP 作用域时，将静态 IP 地址包含在内，并将这些 IP 地址从该界面中排除。这样做的目的是通过 DHCP 控制台掌握网络中计算机 IP 地址的整体使用情况。

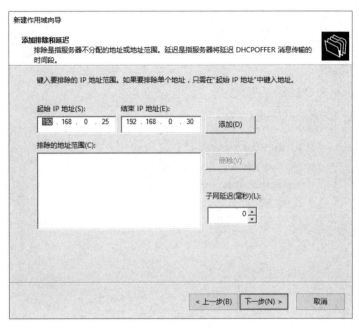

图 4-2-12　"添加排除和延迟"界面

步骤 6：单击"下一步"按钮，进入如图 4-2-13 所示的界面。在该界面中，可以设置 IP 地址的租约期限。Windows Server 2016 操作系统中 DHCP 服务器的默认租约是 8 天。

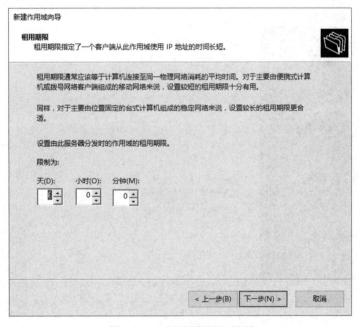

图 4-2-13　"租用期限"界面

步骤 7：单击"下一步"按钮，进入如图 4-2-14 所示的界面。在该界面中，可以选择是否配置 DHCP 选项。如果选中"是，我想现在配置这些选项"单选按钮，则马上对 DHCP 选项进行配置，这里选中"否，我想稍后配置这些选项"单选按钮，暂时略过此项，以后再进行配置。

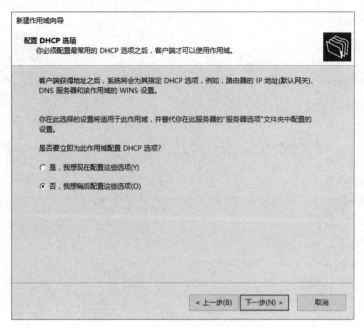

图 4-2-14 "配置 DHCP 选项"界面

步骤 8：单击"下一步"按钮，进入如图 4-2-15 所示的界面。单击"完成"按钮，完成配置作用域。

图 4-2-15 "正在完成新建作用域向导"界面

步骤 9：新创建的作用域需要激活才能生效。返回 DHCP 控制台，在中间工作区中显示作用域的状态为红色向下箭头，表示该作用域的状态为"不活动"，如图 4-2-16 所示。此时，DHCP 服务器仍然不能提供分配 IP 地址服务。

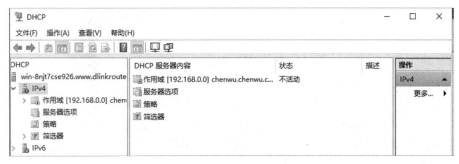

图 4-2-16 作用域状态

步骤 10：右击图 4-2-16 中的"作用域"选项，弹出如图 4-2-17 所示的快捷菜单。选择
"激活"选项。激活后作用域的状态变为绿色向上箭头，表示该作用域的状态为"活动"，能
够提供 DHCP 服务。此时，选择 DHCP 控制台左侧列表栏中的"地址池"选项，工作区中显
示刚才配置的作用域的内容，如图 4-2-18 所示。

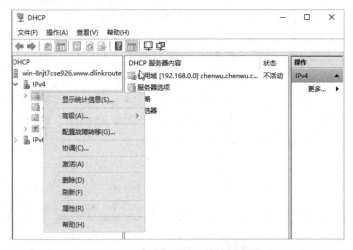

图 4-2-17 "作用域"的快捷菜单

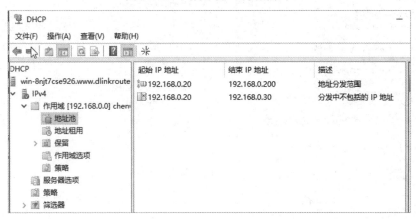

图 4-2-18 查看地址池

至此，DHCP 服务器已经基本配置完成，可以为网络中的计算机分配 IP 地址。通常，在
一个网络不会只配置一个 DHCP 服务器，这是因为 DHCP 服务器不可用会造成整个网络断

开的情况，所以在网络中通常配置两个 DHCP 服务器。在这两个 DHCP 服务器中分别创建两个作用域，使这两个作用域属于同一个子网。在分配 IP 地址池时，一个 DHCP 服务器的作用域拥有 80%的 IP 地址资源，另一个 DHCP 服务器拥有 20%的 IP 地址资源，这被称为80/20 规则，是微软建议的分配比例。这样，当一个 DHCP 服务器由于故障不可用时，另一个 DHCP 服务器可以取代该 DHCP 服务器，继续提供 DHCP 服务。另外，要注意在一个子网中两个 DHCP 服务器上作用域的地址不能交叉，以避免分配 IP 地址时发生冲突。

DHCP 服务器的配置介绍到这里，下面先介绍 DHCP 客户机的配置，再介绍 DHCP 服务器的选项配置。

4.2.3　DHCP 客户机的配置

想要一台计算机成为 DHCP 客户机，必须进行一些配置，这里仅介绍在 Windows 10 操作系统下实现 DHCP 客户机的配置，具体步骤如下。

步骤 1：打开"控制面板"窗口，选择"网络和 Internet"选项，选择"网络和共享中心"选项，单击"更改适配器设置"按钮；右击"WLAN"（或"以太网"）选项，在弹出的快捷菜单中选择"属性"选项，弹出"WLAN 属性"（或"以太网属性"）对话框，如图 4-2-19 所示。

步骤 2：选择"Internet 协议版本 4（TCP/IPv4）"选项，单击"属性"按钮，弹出"Internet 协议版本 4（TCP/IPv4）属性"对话框，选中"自动获得 IP 地址"单选按钮，单击"确定"按钮，完成 DHCP 客户机的配置，如图 4-2-20 所示。

图 4-2-19　"WLAN 属性"对话框

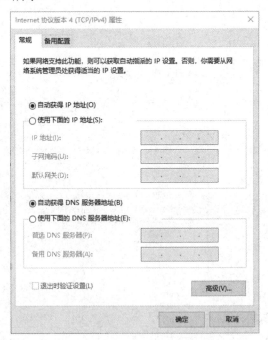

图 4-2-20　DHCP 客户机的配置

4.2.4　DHCP 服务器的选项配置

DHCP 服务器除了可用于为 DHCP 客户机提供 IP 地址，还可用于设置 DHCP 客户机启动时的工作环境。例如，设置 DHCP 客户机登录的域名称，以及设置 DNS 服务器、Windows Internet Name Service（WINS）服务器、路由器、默认网关等内容。在 DHCP 客户机启动或更新租约时，DHCP 服务器可以自动设置客户机启动后的 TCP/IP 环境。

DHCP 服务器提供了许多的选项类型，但其中只有几项对用户非常重要，如默认网关、域名、DNS、WINS、路由器。这些选项可以在添加作用域时进行配置，也可以在 DHCP 控制台的作用域的"作用域选项"中进行配置。下面以在作用域中添加 DNS 选项为例，说明 DHCP 的选项配置。

步骤 1：启动 DHCP 控制台。

步骤 2：在 DHCP 控制台的列表栏中选择 IPv4 作用域中的服务器选项。

步骤 3：在右侧窗格中选择"更多操作"选项，单击"配置选项"按钮，弹出"服务器选项"对话框，如图 4-2-21 所示。在"常规"选项卡下，勾选"006 DNS 服务器"复选框，在"IP 地址"文本框中输入 DNS 服务器的地址，或者首先在"服务器名称"文本框中输入 DNS 服务器名称，然后单击"解析"按钮，"IP 地址"文本框中会显示服务器的 IP 地址，最后单击"添加"按钮。

图 4-2-21　"服务器选项"对话框

步骤 4：单击"确定"按钮，结束设置。

另外，勾选"003 路由器"复选框设置的操作用于计算机的默认网关。

4.2.5　DHCP 保留客户机的配置

如果某台计算机需要相对稳定的 IP 地址，如经理的计算机需要一个固定的 IP 地址，这样便于其他计算机寻找，那么可以使用 DHCP "保留"选项为这样的客户机保留需要的 IP 地址，配置步骤如下。

步骤 1：启动 DHCP 控制台。

步骤 2：在 DHCP 控制台的列表栏中选择 IPv4 作用域中的保留项。

步骤 3：在右侧窗格中选择"更多操作"选项，单击"新建保留"按钮，弹出"新建保留"对话框，如图 4-2-22 所示。

步骤 4：在"IP 地址"文本框中输入要保留的 IP 地址，如本例中的 192.168.0.100。

步骤 5：在"MAC 地址"文本框中输入上述 IP 地址要保留给哪个网卡的号码。每块网卡都有一个唯一的号码，可利用网卡附带的软件进行查看，在 Windows 10 操作系统的计算机中可利用"ipconfig/all"命令查看。

图 4-2-22 "新建保留"对话框

步骤 6：在"保留名称"文本框中输入客户名称，如 Manager。注意：此名称只是一般的说明文字，而不是用户的账号名称，但此处不能为空白。

步骤 7：如果需要对此客户进行描述，则在"描述"文本框中输入一些说明性文字。

步骤 8：选中"支持的类型"选区中的"两者"单选按钮。

步骤 9：单击"添加"按钮。

步骤 10：如果需要添加其他保留位置，则重复步骤 4～9。

步骤 11：单击"关闭"按钮，结束配置。

DHCP 服务还有一些更细致的配置内容，由于在实际应用中使用得不多，因此这里不做详细介绍，感兴趣的读者可以阅读相关参考文献。

4.3 在 Linux 操作系统下配置 DHCP 服务器

Linux 操作系统的计算机也可以作为 DHCP 服务器，向网络中的计算机提供 IP 地址分配服务。下面以 Red Hat Linux 7.3 为例，讲解在 Linux 操作系统下配置 DHCP 服务器。

4.3.1　DHCP 服务的启动

默认安装的 Red Hat 操作系统只有 DHCP 客户机，没有服务器端，需要从光盘安装或下载和安装，可以通过如图 4-3-1 所示命令检查系统是否已经安装了 DHCP 服务。

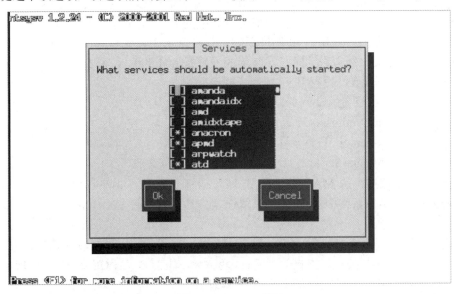

```
[root@rh73 root]# rpm -qa | grep dhcp
dhcp-2.0pl5-8
dhcpcd-1.3.22pl1-7
```

图 4-3-1　检查 DHCP 服务的命令

图 4-3-1 中的内容表示系统已经安装了 DHCP 服务，否则需要安装 DHCP 的 rpm 软件包。读者可以从 Linux 系统盘中找到 dhcp-20.pl5-8.i386.rpm 文件，或者从官网下载最新的 DHCP 的 rpm 软件包。输入如下命令安装 DHCP 的 rpm 软件包。

```
rpm -ivh dhcp-20.pl5-8.i386.rpm
```

安装完后，需要在 Linux 操作系统中设置启动系统时启动 DHCP 服务。在命令提示符窗口中输入 "ntsysv" 命令，打开如图 4-3-2 的窗口。使用键盘上的上下键找到 "dhcpd" 选项，并使用空格键选中该选项，该选项前面会显示 "*"，使用 "Tab" 键选中 "Ok" 按钮，按 "Enter" 键。

图 4-3-2　ntsysv 窗口

4.3.2　DHCP 服务器的配置

Linux 操作系统与 Windows 操作系统不同，其应用服务通常是通过修改基于文本的配置文件进行配置的，而不像 Windows 操作系统有一个图形界面。尽管有些工具可以提供基于图形的 Linux 配置，但如果用户经常使用 Linux 操作系统就更习惯使用配置文件，所以本书仅介绍基于文本的配置文件方式。

DHCP 服务是通过 dhcpd 程序提供的。在启动 DHCP 服务器时，dhcpd 要读取 dhcpd.conf 文件中的内容（dhcpd.conf 文件中保存的是 DHCP 服务器的配置信息）。dhcpd 将客户机租用的信息保存在 dhcpd.lease 文件中。在 DHCP 服务器为客户提供 IP 地址之前，将在 dhcpd.lease

文件中记录租用的信息。新的租用信息会添加到 dhcpd.leases 文件的尾部。为了向一个子网提供 DHCP 服务，dhcpd 需要知道子网的网络号码和子网掩码，以及地址范围等。

下面以作者的 DHCP 服务器配置文件为例，介绍该配置文件中的内容。以下是一个已经配置好的 dhcpd.conf 配置文件。

```
subnet 192.168.0.0 netmask 255.255.255.0
{
    range 192.168.0.10 192.168.0.30;
    default-lease-time 86400;
    max-lease-time 604800;
    option subnet-mask 255.255.255.0;
    option routers 192.168.0.2;
    option domain-name "cy.com";
    option broadcast-address 192.168.0.255;
    option domain-name-servers 192.168.0.3;
}
```

该配置文件中各项内容的含义如下。

- subnet x.x.x.x netmask x.x.x.x：说明 IP 地址是否属于该子网，提供子网的一些参数。
- range x.x.x.x x.x.x.x：DHCP 服务器可以分配的 IP 地址范围，即 DHCP 作用域。
- default-lease-time：默认的 IP 地址租约时长，常用的设置是 86 400s（一天）。
- max-lease-time：最大租约时长，常用的设置是 604 800s（一周）。
- option subnet-mask：设置 IP 地址的子网掩码。
- option routers：设置默认网关。
- option broadcast-address：设置该子网的广播地址。
- option doamin-name：设置子网的 DNS 域名。
- option domain-name-servers：DNS 服务器的 IP 地址。

dhcpd 还可以把主机的 MAC 地址和 IP 地址捆绑在一起，以防止 IP 地址的乱用，即设置 Windows 2000 操作系统中的 DHCP 保留选项。具体方法是在/etc/dhcpd.conf 中输入如下命令。

```
host pc1{ hardware ethernet xx.xx.xx.xx.xx.xx fixed-address 192.168.0.9; }
```

host pc1 中的 pc1 是指定主机的名字；hardware ethernet 是指定要捆绑 IP 地址主机的 MAC 地址；fixed-address 是指定捆绑后的 IP 地址。

dhcpd.conf 配置文件中"option"的内容就是 DHCP 的选项。在了解了 dhcpd.conf 配置文件中各选项的含义后，读者可以通过任何一种编辑工具（如 vi）编辑 dhcpd.conf 配置文件来配置 DHCP 服务器。

现在配置文件已经有了，但还是不能启动 dhcpd，这是为什么呢？因为我们还没有创建关于 dhcpd 的租用文件。

首先，创建 dhcpd.leases 文件，命令如下。

```
#touch /var/state/dhcp/dhcpd.leases
```

然后，启动 dhcpd，命令如下。

```
#/etc/rc.d/init.d/dhcpd start
```

如果我们正确地配置了 ntsysv，则系统每次开机会运行 DHCP 服务。

4.4　习题

一、选择题

1．在 TCP/IP 协议中，（　　）协议是用来进行 IP 地址自动分配的。

    A．ARP

    C．DHCP

    B．NFS

    D．DNS

2．DHCP 的中文名称为（　　）。

    A．静态主机配置协议

    C．主机配置协议

    B．动态主机配置协议

    D．TCP 协议

3．在以下关于 DHCP 服务的说法中，正确的是（　　）。

    A．在一个子网中只能设置一台 DHCP 服务器，以防止冲突

    B．在默认情况下，DHCP 客户机采用最先到达的 DHCP 服务器分配的 IP 地址

    C．使用 DHCP 服务，无法保证某台计算机使用固定 IP 地址

    D．在配置客户机时，必须指明 DHCP 服务器的 IP 地址，才能获得 DHCP 服务

4．如果 DHCP 客户机同时得到多台 DHCP 服务器的 IP 地址，则该客户机将（　　）。

    A．随机选择

    C．选择网络号较小的

    B．选择最先得到的

    D．选择网络号较大的

5．如果您提议引入 DHCP 服务器以自动分配 IP 地址，那么下列（　　）网络 ID 是最好的选择。

    A．24.x.x.x

    C．194.150.x.x

    B．172.16.x.x

    D．206.100.x.x

二、填空题

1．DHCP 服务器的主要功能是_____。

2．当 DHCP 客户机的租约期到达_____时会续订租约。

三、简答题

简述 DHCP 的工作原理及意义。

四、实验题

在 Windows Server 2016 操作系统和 Linux 操作系统下完成配置 DHCP 服务器的实验。

第 5 章

DNS 服务器

5.1　DNS 服务的简介

5.1.1　域名

在说明 DNS 服务器前，要先说明什么是域名（Domain Name）。在网络上辨别一台计算机的方式是利用 IP 地址。IP 地址的格式是 xxx.xxx.xxx.xxx（如 202.117.80.8），对使用计算机的人来说，这样的格式不适合记忆与管理。因此，人们会为网络上的服务器取一个有意义又容易记的名字，这个名字被称为域名，其格式也是 xxx.xxx.xxx.xxx（如 www.nwpu.edu.cn），这样的表示方式较适合人们使用。例如，西北工业大学 Web 主机的域名为 www.nwpu.edu.cn。

由于因特网是基于 IP 地址真正辨别一台主机的，所以当使用者输入域名后，浏览器必须要先去一台有域名和 IP 地址对应关系数据的主机中查询这台计算机的 IP 地址，而这台主机被称为 Domain Name Server，简称 DNS。例如，当你输入 www.nwpu.edu.cn 时，浏览器会将 www.nwpu.edu.cn 这个名字传送到离自己最近的 DNS 服务器中做查询，如果查询成功，则会传回这台主机的 IP 地址，进而与这台主机建立连接；如果查询失败，则会发生类似找不到 DNS 地址的情形。所以，一旦 DNS 服务器宕机，就像路标完全被毁坏一样，不知道该把数据送到哪里。

所以，DNS 的主要目的是解决机器的域名与 IP 地址的对应问题，提供 Telnet、浏览器、FTP 等常用工具的基本服务。

5.1.2　DNS 域名空间的结构

DNS 是一个分层级的分布式名称对应系统，类似于计算机的目录树结构。其中，顶端的是一个 "root"；其次是几个基本类别名称，如 com、org、edu 等（这几个基本类别名称被称为顶级域名。顶级域名包括组织顶级域名和地理顶级域名，其中 edu、com、gov、int、mil、net、net 是组织顶级域名，cn、tw、hk 等是地理顶级域名）；再次是组织名称，如 ibm、microsoft、intel 等；最后是主机名称，如 www、mail、ftp 等。因为因特网是从美国发展起来的，所以当时没有地理顶级域名，但随着因特网的蓬勃发展，DNS 加进了 cn、tw、hk、jp 等国域名称。所以，一个完整的 DNS 名称是 www.xyz.com.cn 这样的，而整个名称对应的就是一个（或多个）IP 地址。

除原来的类别数据由美国的网络信息中心（Network Information Center，NIC）管理之外，其他在国域以下的类别分别由本国的 NIC 管理（如中国的 DNS 授权给 CNNIC 管理）。

图 5-1-1 所示为 DNS 域名空间的结构。

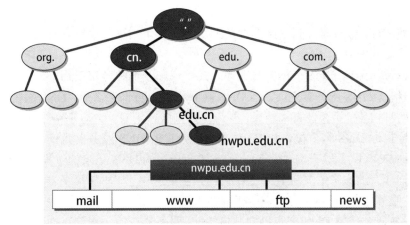

图 5-1-1　DNS 域名空间的结构

在 DNS 域名空间的结构中，各组织的 DNS 经过申请后由该组织或其委托主机管理（通常当申请注册一个 domain 域名时，都要指定两台 DNS 主机负责该域名的 DNS 管理）。

5.1.3　DNS 的查询过程

下面以用户登录 www.microsoft.com（微软）网站的过程为例，说明 DNS 的查询过程。

（1）用户在浏览器的地址栏中输入"www.microsoft.com"，而浏览器是通过 IP 地址与微软网站建立连接的，因此浏览器启动一个 DNS 查询过程。

（2）首先，系统会在本机的 DNS 缓存中查询有没有"www.microsoft.com"的相关记录。只要开机后登录过微软网站，缓存中就会保存"www.microsoft.com"的 DNS 记录。读者可以在命令提示符窗口中输入"ipconfig /displaydns"命令来查看本机缓存中的 DNS 记录。

（3）如果本机缓存中没有对应的 DNS 记录，则系统会在本机的一个名为"host"的文件中查找是否有对应的记录。host 文件在 %Systemroot\system32 \drivers\etc 目录下，其内容一般只有一条 DNS 记录，即"localhost"与"127.0.0.1"的对应关系。用户也可以加入其他的 DNS 记录。

（4）如果 host 文件中也没有对应的 DNS 记录，则系统会向我们在 IP 地址设置中设置的本地 DNS 服务器（参见 DHCP 的 DNS 选项及 2.5 节、2.6 节中的内容）发出 DNS 解析请求，查询"www.microsoft.com"对应的 IP 地址。

（5）如果本地 DNS 服务器能解析，则向客户端返回 DNS 记录；如果本地 DNS 服务器不能解析，则向根域服务器"root"请求查询代理".com"域的 DNS 服务器的 IP 地址。根域服务器收到请求后，将".com"域的 DNS 服务器的 IP 地址发送给本地 DNS 服务器。

（6）本地 DNS 服务器得到查询结果后，向".com"域的 DNS 服务器发出查询请求，要求得到代理".microsoft.com"域的 DNS 服务器的 IP 地址。".com"域的 DNS 服务器将".microsoft.com"域的 DNS 服务器的 IP 地址发送给本地 DNS 服务器。

（7）本地 DNS 服务器得到查询结果后，向".microsoft.com"域的 DNS 服务器发出查询请求，要求得到代理"www.microsoft.com"域的 DNS 服务器的 IP 地址。".microsoft.com"

域的 DNS 服务器将"www.microsoft.com"域的 DNS 服务器的 IP 地址发送给本地 DNS 服务器。

（8）本地 DNS 服务器得到最终查询结果，并将这个结果发送给客户端。客户端的浏览器就可以登录微软网站了。

上述查询过程用到了两种 DNS 的查询方式：递归查询和转寄查询。递归查询主要应用于 DNS 客户机与 DNS 服务器之间。当 DNS 客户机发出查询请求后，DNS 服务器只向 DNS 客户机返回两种信息：要么是查询结果，要么是查询失败消息。DNS 服务器不会将其他 DNS 服务器的地址告诉 DNS 客户机，让 DNS 客户机向其他 DNS 服务器查询。在上例中，DNS 客户机向本地 DNS 服务器查询"www.micorsoft.com"的 DNS 记录的过程就是递归查询。

转寄查询（有的参考书又称其为迭代查询）主要应用于 DNS 服务器与 DNS 服务器之间。当 DNS 服务器收到 DNS 客户机的查询请求后，如果在本地数据库中没有相应的记录，那么 DNS 服务器会代替 DNS 客户机向其他 DNS 服务器查询，直到查询到所需的数据。在上例中，本地 DNS 服务器向其他 DNS 服务器查询的过程就是转寄查询。

5.1.4 DNS 区域

通常，DNS 数据库可分成不同的相关资源记录集，其中每个记录集被称为区域（Zone）。区域可以包含整个域（Domain）、部分域，以及一个或几个子域的资源记录。

管理某个区域（或记录集）的 DNS 服务器被称为该区域的权威名称服务器。一个名称服务器可以是一个或多个区域的权威名称服务器。

在域中划分多个区域的主要目的是简化 DNS 的管理任务，即委派一组权威名称服务器来管理每个区域。采用这样的分布式结构，当域名称空间不断扩展时，各个域的管理员可以有效地管理各自的子域。有时，区域和域是很难分辨的。

区域是一个用于存储单个 DNS 域名的数据库，是域名称空间树状结构的一部分，DNS 服务器是以区域为单位来管理域名空间的，区域中的数据保存在管理该区域的 DNS 服务器中。当在现有的域中添加子域时，该子域既可以包含在现有的区域中，也可以为该子域创建一个新区域或包含在其他的区域中。一个 DNS 服务器可以管理一个或多个区域，同时一个区域可以由多个 DNS 服务器来管理。

区域是域的子集，可以被看作域名称空间的某个分支（或子树）。例如，Microsoft 名称服务器可以同时是 microsoft.com 区域、msdn.microsoft.com 区域和 marketing.microsoft.com 区域的权威名称服务器。但是，可以将子域的区域（如 msdn.microsoft.com）委派给其他的专用名称服务器来管理。如果设置的区域包含整个域的资源记录，那么该区域与该域的范围是相同的。

用户可以将一个域划分成多个区域分别进行管理，以减轻网络管理的负荷。如图 5-1-2 所示，microsoft.com 是一个域，用户可以将其划分为两个区域 microsoft.com 和 example.microsoft.com，区域的数据分别保存在单独的 DNS 服务器中。因为区域 example.Microsoft.com 是从"域"延伸而来的，所以用户可以将域 microsoft.com 称为区域 example.Microsoft.com 的根域。

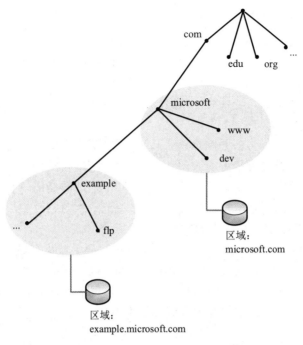

图 5-1-2　DNS 区域

　　Windows 2000 操作系统的 DNS 服务器中有两种类型的搜索区域：正向搜索区域和反向搜索区域。正向搜索区域用于处理正向解析，即把主机名解析为 IP 地址；反向搜索区域用于处理反向解析，即把 IP 地址解析为主机名。无论是正向搜索区域，还是反向搜索区域，都有 3 种区域类型，分别为标准主要区域、标准辅助区域和 Active Directory 集成的区域。下面讨论一下这 3 种区域类型的区别。

　　在创建 DNS 区域时，可以先创建一个标准主要区域。标准主要区域中的区域记录是自主生成的，并且是可读可写的。也就是说，该 DNS 服务器既可以接收新用户的注册请求，也可以为用户提供名称解析服务。标准主要区域以文件的形式存放在创建该区域的 DNS 服务器上。维护标准主要区域的 DNS 服务器被称为该区域的主 DNS 服务器。

　　如果一个 DNS 区域的客户端计算机非常多，为了优化对用户 DNS 名称解析的服务，可以在另外一台 DNS 服务器上为该区域创建一个标准辅助区域。标准辅助区域中的区域记录是从标准主要区域中复制而来的，并且是只读的。也就是说，该 DNS 服务器不能接收新用户的注册请求，只能为已经注册的用户提供名称解析服务。标准辅助区域也以文件的形式存放在创建该区域的 DNS 服务器上。维护标准辅助区域的 DNS 服务器被称为该区域的辅助 DNS 服务器。

　　由于辅助 DNS 服务器的区域记录是从主 DNS 服务器中复制而来的，所以主 DNS 服务器又被称为辅助 DNS 服务器的 Master 服务器，但并不是说只有主 DNS 服务器才能充当 Master 服务器。如果一台辅助 DNS 服务器的区域记录是从另外一台辅助 DNS 服务器中复制而来的，那么第一台辅助 DNS 服务器被称为该区域的一级辅助，而这台 DNS 服务器被称为该区域的二级辅助，则一级辅助被称为二级辅助的 Master 服务器。

　　在标准主要区域的区域属性中可以设置是否允许动态更新。允许动态更新的含义是当该区域的客户端计算机的 IP 地址或主机名发生变化时，这种改变可以动态地在 DNS 区域记录中进行更改，而不需要管理员手动更改。

Active Directory 集成的区域只存在域控制器（DC）上，而且该类型的区域不是以文件的形式存在的，而是存在于活动目录中的。Active Directory 集成的区域不会发生区域复制，而是随着活动目录的复制而发生复制，因此这种区域类型避免了 DNS 服务器单点失败的现象。在 Active Directory 集成的区域的区域属性中，除了可以设置是否允许动态更新，还可以设置仅安全更新。

仅安全更新的含义是在动态更新的基础上保证安全。设置为仅安全更新的 DNS 区域是如何实现安全性的呢？我们经常讲的一句话就是"域是安全的最小边界"，仅安全更新的区域将只接受已经加入该域的计算机账号的主机名和 IP 地址的变化，而当不属于该域的计算机账号的主机名和 IP 地址发生变化时，不会在区域记录中动态改变，但是这些计算机仍然可以利用该 DNS 服务器进行名称解析服务。

DNS 的区域类型是可以改变的，可以把一个标准主要区域类型设置为标准辅助区域，或者为了加强安全性把标准主要区域设置为 Active Directory 集成的区域。一般来说，对于活动目录的 DNS 区域类型最好采用 Active Directory 集成的区域，而且设置区域属性为"仅安全更新"类型，而不要设置为"标准主要区域"类型。

5.1.5 DNS 的主要资源记录

每个 DNS 数据库都由资源记录构成。一般来说，资源记录包含与特定主机有关的信息，如 IP 地址、主机的所有者或提供服务的类型。常见的资源记录如表 5-1-1 所示。

表 5-1-1 常见的资源记录

资源记录类型	说明	解释
SOA	起始授权机构	此记录指定区域的起点，包含的信息有区域名、区域管理员的电子邮件地址，以及指示辅助 DNS 服务器如何更新区域数据文件的设置等
A	地址	此记录列出特定主机名的 IP 地址，是名称解析的重要记录
CNAME	标准名称	此记录指定标准主机名的别名
MX	邮件交换器	此记录列出负责接收发到域中的电子邮件的主机
NS	名称服务器	此记录指定负责给定区域的名称服务器

5.2 在 Windows Server 2016 操作系统下配置 DNS 服务器

5.2.1 DNS 标准主要区域的配置

安装 DNS 服务器的步骤如下。

步骤 1：选择"开始"→"服务器管理器"选项（见图 5-2-1），打开"服务器管理器"窗口；单击"添加角色和功能"按钮，在打开的"添加角色和功能向导"窗口中选择"开始之前"选项卡，进入"开始之前"界面（见图 5-2-2），单击"下一步"按钮。

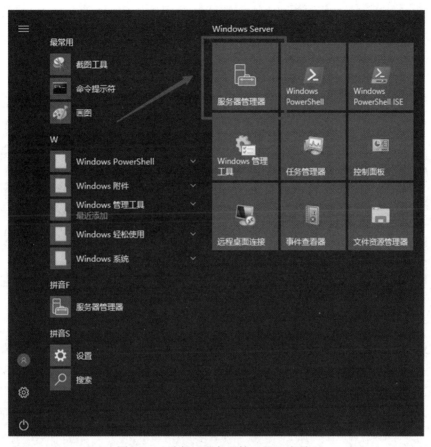

图 5-2-1　选择"服务器管理器"选项 1

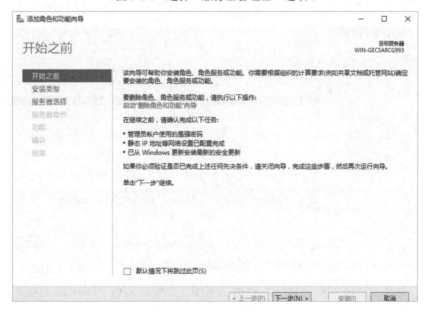

图 5-2-2　"开始之前"界面

步骤 2：进入"选择安装类型"界面（见图 5-2-3），选中"基于角色或基于功能的安装"单选按钮，单击"下一步"按钮。

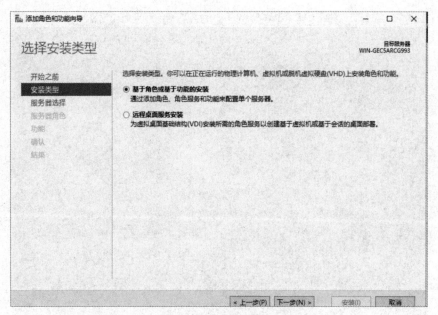

图 5-2-3 "选择安装类型"界面

步骤 3：进入"选择目标服务器"界面（见图 5-2-4），选中"从服务器池中选择服务器"单选按钮，在"服务器池"选区中，选择要部署 DNS 服务器的计算机，单击"下一步"按钮。

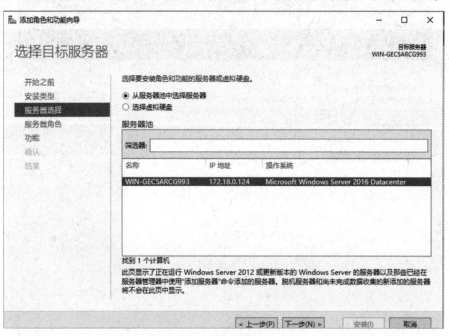

图 5-2-4 "选择目标服务器"界面

步骤 4：进入"选择服务器角色"界面（见图 5-2-5），勾选"DNS 服务器"复选框。

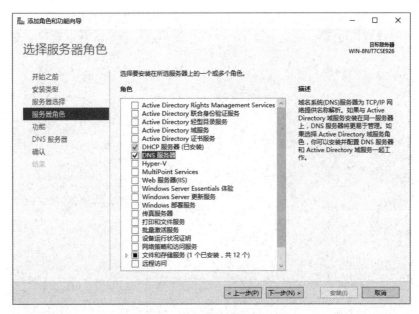

图 5-2-5　"选择服务器角色"界面

步骤 5：单击"下一步"按钮，选择需要在 DNS 服务器上安装的功能，如图 5-2-6 所示。单击"下一步"按钮，单击"安装"按钮，安装完后单击"关闭"按钮。

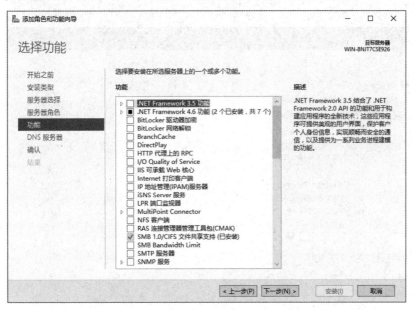

图 5-2-6　选择功能

因为 DNS 的数据是以区域为管理单位的，因此要使 DNS 服务器起作用，用户必须先创建区域。创建区域的具体步骤如下。

步骤 1：选择"开始"→"服务器管理器"选项（见图 5-2-7），打开"服务器管理器"窗口，选择"工具"→"DNS"选项，打开"DNS 管理器"窗口。

步骤 2：在"DNS 管理器"窗口的列表栏中右击服务器，在弹出的快捷菜单中选择"新建区域"选项（见图 5-2-8），打开"新建区域向导"窗口。

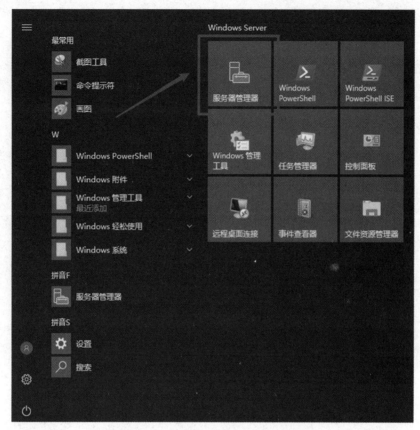

图 5-2-7　选择"服务器管理器"选项 2

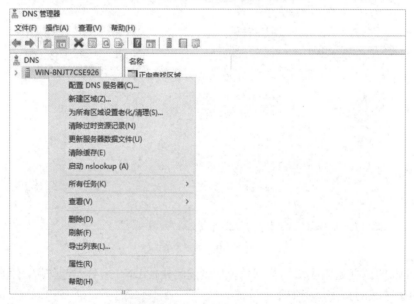

图 5-2-8　选择"新建区域"选项

步骤 3：在"区域类型"界面中选中"主要区域"单选按钮，单击"下一步"按钮，如图 5-2-9 所示。

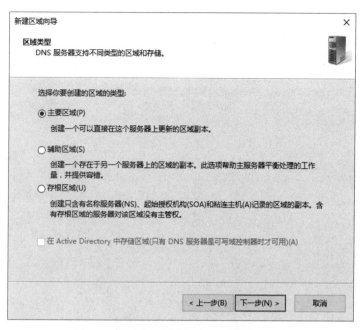

图 5-2-9　新建 DNS 区域

步骤 4：在"正向或反向查找区域"界面中选中"正向查找区域"单选按钮，创建的新区域将存放在正向查找区域目录中，如图 5-2-10 所示。

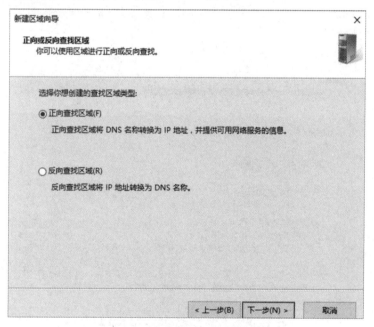

图 5-2-10　选择查找区域类型

步骤 5：在"区域名称"界面中设置新区域的域名，如图 5-2-11 所示。这里创建一个"chenwu.com"域。如果创建辅助区域，则需要输入主要区域的域名。

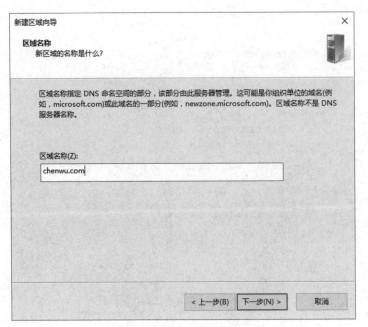

图 5-2-11　设置区域名称

步骤 6：在"文件名"界面的"新文件"文本框中自动显示以域名为文件名的 DNS 文件。如果要创建辅助区域，则选择"现存文件"选项，并在文本框中输入文件名。

步骤 7：在"动态更新"界面（见图 5-2-12）中设置 DNS 区域接收的更新，这里暂时选中"不允许动态更新"单选按钮。

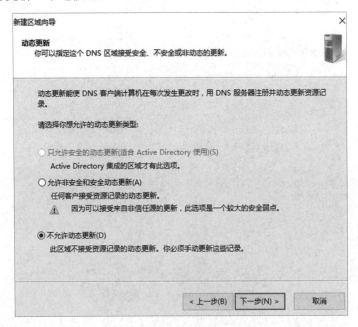

图 5-2-12　"动态更新"界面

步骤 8：在"完成设置"界面中显示以上所设置的信息，单击"完成"按钮。

现在可以创建各种 DNS 资源记录了。

创建主机记录的步骤如下。

步骤 1：在"DNS 管理器"窗口中右击"chenwu.com"选项，在弹出的快捷菜单中选择"新建主机"选项（见图 5-2-13），弹出如图 5-2-14 所示的对话框。

图 5-2-13　选择"新建主机"选项

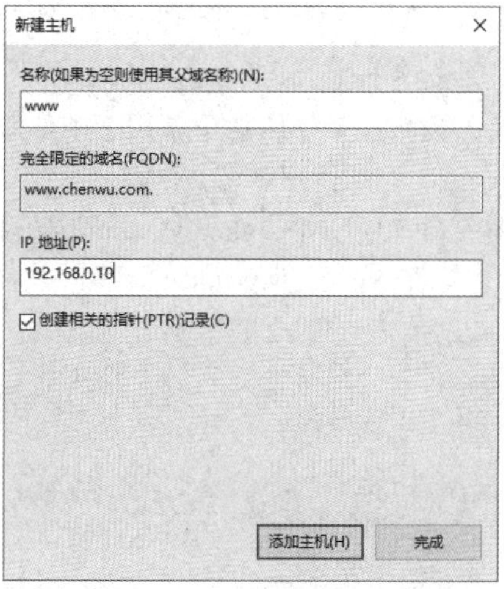

图 5-2-14　"新建主机"对话框

步骤 2：在"名称"文本框中输入主机记录名称，这里输入"www"，在"完全限定的域名"文本框中输入此主机"www.chenwu.com"对应的 IP 地址"192.168.0.10"，勾选"创建相关的指针记录"复选框，表明 DNS 服务器会自动在反向区域中创建指针记录。

这样，一条主机记录就创建完成了。读者可以使用"nslookup www.chenwu.com"命令进行解析，从而判断设置是否正确。

创建别名记录的步骤如下。

步骤 1：在"DNS 管理器"窗口中右击"chenwu.com"选项，在弹出的快捷菜单中选择"新建别名"选项，弹出如图 5-2-15 所示的对话框。

步骤2：在"别名"文本框中输入创建的别名记录名称，这里输入"ftp"，在"目标主机的完全合格的域名"文本框中输入要为哪条主机记录创建别名。

步骤3：单击"确定"按钮，返回"DNS 管理器"窗口，即可看到新建的别名记录。

读者可以使用"nslookup ftp.chenwu.com"命令进行解析，从而判断设置是否正确。

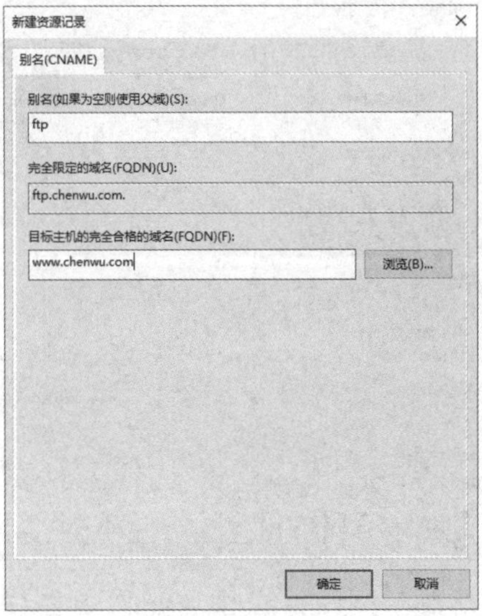

图 5-2-15 "新建资源记录"对话框 1

创建邮件交换器记录的步骤如下。

步骤1：在创建邮件交换记录前，必须创建一条用于邮件服务器的主机记录，这里设置一条主机记录"mail.chenwu.com"为邮件服务器。

步骤2：在"DNS 管理器"窗口中右击"chenwu.com"选项，在弹出的快捷菜单中选择"新建邮件交换器"选项，弹出如图 5-2-16 所示的对话框。

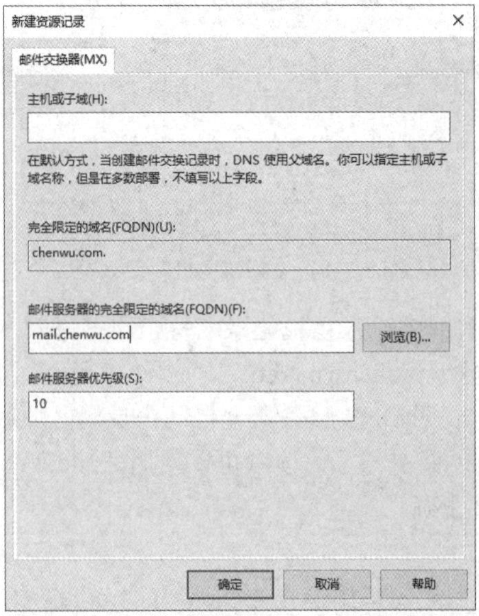

图 5-2-16 "新建资源记录"对话框 2

步骤 3："主机或子域"文本框为空，表示邮件服务器的域名与父域"chenwu.com"相同。在"邮件服务器的完全限定的域名"文本框中输入刚才创建的邮件服务器的主机记录对应的域名"mail.chenwu.com"，在"邮件服务器优先级"文本框中输入 0～65 535 中的一个数值，数值越低表示优先级越高。

步骤 4：单击"确定"按钮，返回"DNS 管理器"窗口，可以看到新建的邮件交换器记录。读者可以输入"nslookup mail.chenwu.com"命令进行解析，从而判断设置是否正确。

5.2.2　DNS 标准辅助区域的配置

创建 DNS 标准辅助区域的目的是实现 DNS 服务器的容错，当主 DNS 服务器不能正常工作时，辅助 DNS 服务器可以为用户提供域名解析服务。DNS 标准辅助区域上的数据是从主 DNS 服务器中获得的，其自身并不能添加数据，只是作为主 DNS 服务器的一个备份。当辅助 DNS 服务器启动时，DNS 标准辅助区域首先从主 DNS 服务器中获得区域数据，再将自己的 DNS 数据库的版本号与主 DNS 服务器的版本号进行比较。如果主 DNS 服务器的数据较新，则从主 DNS 服务器中复制区域数据，用主 DNS 服务器的数据覆盖原来的数据。从主 DNS 服务器中复制区域数据到辅助 DNS 服务器中的过程被为区域传送（Zone Transfer）。下面讲解如何创建 DNS 标准辅助区域。

首先在计算机 192.168.0.10 上创建 chenwu.com 的标准主要区域，然后在计算机 192.168.0.11 上创建标准辅助区域，步骤如下。

步骤 1：在辅助 DNS 服务器上安装 DNS 服务，其操作与创建标准主要区域的操作相同。

步骤 2：在"DNS 管理器"窗口中右击服务器，在弹出的快捷菜单中选择"新建区域"选项（见图 5-2-8），打开"新建区域向导"窗口。

步骤 3：在"区域类型"界面中选中"辅助区域"单选按钮，单击"下一步"按钮，如图 5-2-17 所示。

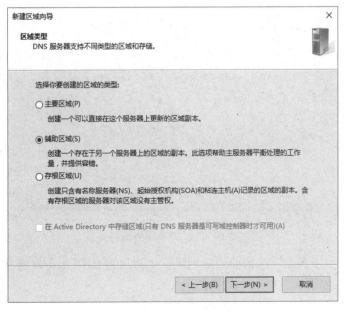

图 5-2-17　创建辅助区域

步骤 4：在"正向或反向查找区域"界面中选中"正向查找区域"单选按钮，单击"下一步"按钮，进入如图 5-2-18 所示的界面。在"区域名称"文本框中输入辅助 DNS 区域的名称，单击"下一步"按钮，进入如图 5-2-19 所示的界面。

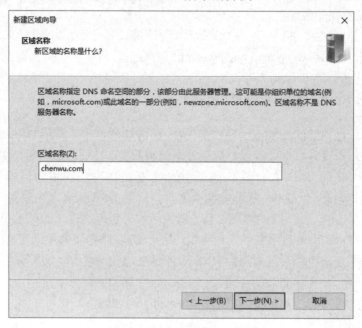

图 5-2-18 "区域名称"界面

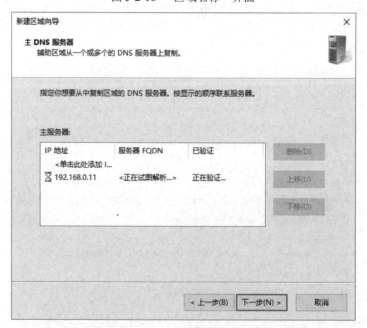

图 5-2-19 "主 DNS 服务器"界面

步骤 5：在"主服务器"区域的"IP 地址"中添加主 DNS 服务器的 IP 地址，单击"下一步"按钮，进入如图 5-2-20 所示的界面。

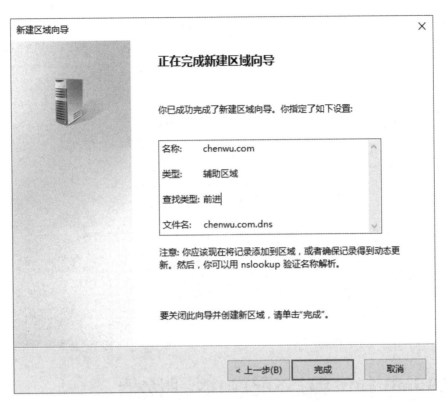

图 5-2-20　"正在完成新建区域向导"界面

步骤 6：单击"完成"按钮，即可完成标准辅助区域的创建。返回"DNS 管理器"窗口，可以看到标准辅助区域的内容与标准主要区域的内容完全一致。

5.2.3　惟高速缓存 DNS 服务器的配置

创建惟高速缓存 DNS 服务器是为了快速帮助局域网中的主机解析常用的地址信息。惟高速缓存 DNS 服务器通常只响应 DNS 客户端的查询请求，并检查自己的高速缓存，如果没有相关记录，则发送解析请求到另一台 DNS 服务器，收到结果后答复客户端，并保存一个相同记录到自己的高速缓存中，以便下一次能够快速地查询到相同的数据。惟高速缓存 DNS 服务器的配置方法如下。

步骤 1：打开"DNS 管理器"窗口，右击服务器（运行 DNS 服务的主机名）选项，在弹出的快捷菜单中选择"属性"选项，如图 5-2-21 所示。在弹出的对话框中选择"转发器"选项卡，如图 5-2-22 所示。

步骤 2：勾选"如果没有转发器可用，请使用根提示"复选框，在"IP 地址"文本框中输入另外一台有记录的 DNS 服务器的 IP 地址。

步骤 3：单击"确定"按钮，即可完成惟高速缓存 DNS 服务器的配置。此时，在 DNS 的客户端可以设置此惟高速缓存 DNS 服务器为本地 DNS 服务器。

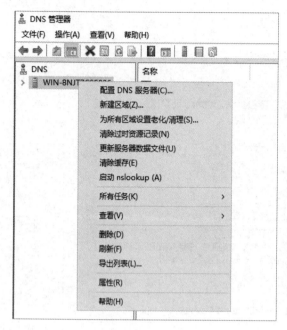

图 5-2-21　选择"属性"选项

图 5-2-22　选择"转发器"选项卡

5.3　在 Linux 操作系统下配置 DNS 服务器

5.3.1　DNS 服务的启用

Linux 操作系统也可以作为 DNS 服务器，向网络中的计算机提供域名解析服务。下面以 Red Hat Linux 7.3 为例，讲解 Linux 操作系统下 DNS 服务器的配置。

Linux 操作系统中提供 DNS 域名解析服务的软件包被称为 BIND，目前电子技术最新的版本是 BIND9。默认安装的 Red Hat 操作系统没有安装 BIND，需要用光盘安装，可用如下命令进行安装。

```
rpm -  ivh bind-9.0.0-8.i386.rpm
```

安装完后，需要在 Linux 操作系统中设置启动系统时启动 DHCP 服务。在命令提示符窗口中输入"ntsysv"命令，打开如图 5-3-1 所示的窗口。在如图 5-3-1 的窗口中，使用键盘上的上下键找到"named"选项，并使用空格键选中该选项，该选项前面会显示"*"，使用"Tab"键选中"Ok"按钮，按"Enter"键确认。

与 Windows Server 2000 操作系统中的 DNS 服务相同，BIND9 可以配置为 3 种不同的服务器运行方式，即惟高速缓存 DNS 服务器、主 DNS 服务器和辅助 DNS 服务器。下面分别介绍这 3 种 DNS 服务器的配置方法。

在这 3 种 DNS 服务器的配置方法中，惟高速缓存 DNS 服务器的配置最为简单。下面先介绍惟高速缓存 DNS 服务器的配置。

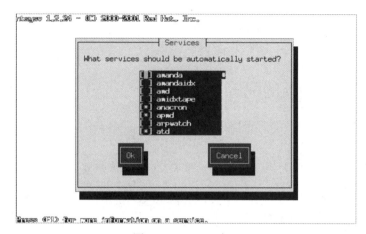

图 5-3-1　ntsysv 窗口

5.3.2　惟高速缓存 DNS 服务器的配置

惟高速缓存 DNS 服务器的配置非常简单，只需一个主配置文件/etc/named.conf 和根域的配置文件 name.ca，以及本地主机（localhost）的正向和反向解析文件。

实现惟高速缓存 DNS 服务器的配置首先需要安装一个软件包，找到惟高速缓存 DNS 服务器的 rpm 软件包 caching-nameserver-7.2-1.noarch.rpm，使用如下命令进行安装。

```
rpm -ivh caching-nameserver-7.2-1.noarch.rpm
```

安装完后，使用如图 5-3-2 所示的命令可以查看该 rpm 软件包安装的配置文件。

```
[root@rh73 root]# rpm -ql caching-nameserver
/etc/named.conf
/usr/share/doc/caching-nameserver-7.2
/usr/share/doc/caching-nameserver-7.2/Copyright
/var/named/localhost.zone
/var/named/named.ca
/var/named/named.local
[root@rh73 root]# _
```

图 5-3-2　查看 rpm 软件包安装的配置文件

其中，/var/named/localhost.zone 是本地主机的正向解析文件；"/var/named/named.ca"是根域配置文件；"/var/named/named.local"是本地主机的反向解析文件。

用编辑器 vi 打开主配置文件/etc/named.conf，部分内容如图 5-3-3 所示。

```
// generated by named-bootconf.pl

options {
        directory "/var/named";
        allow-query{"any";};
        /*
         * If there is a firewall between you and nameservers you want
         * to talk to, you might need to uncomment the query-source
         * directive below.  Previous versions of BIND always asked
         * questions using port 53, but BIND 8.1 uses an unprivileged
         * port by default.
         */
        // query-source address * port 53;
};

//
// a caching only nameserver config
//
controls {
        inet 127.0.0.1 allow { localhost; } keys { rndckey; };
};
zone "." IN {
        type hint;
        file "named.ca";
```

图 5-3-3　主配置文件/etc/named.conf 的部分内容

只要在此文件的 options 段中一段加入 allow-query{"any"}（见图 5-3-3 中用下画线标出的部分），即可实现惟高速缓存 DNS 服务器的配置。

5.3.3　主 DNS 服务器的配置

主 DNS 服务器是给定域的所有信息的授权来源，所装载的域信息来自由域管理员所创建并在本地维护的磁盘文件。

下面以"chenwu.com"为例，介绍配置主 DNS 服务器需要的 5 个基本配置文件。

```
/etc/named.conf
/var/named/named.ca
/var/named/named.local
/var/named/named.test.com
/var/named/named.172.16.0
```

创建或修改/etc/named.conf 文件。

```
// generated by named-bootconf.pl
options {
directory "/var/named";
/*
* If there is a firewall between you and nameservers you want
* to talk to, you might need to uncomment the query-source
* directive below. Previous versions of BIND always asked
* questions using port 53, but BIND 8.1 uses an unprivileged
* port by default.
*/
// query-source address * port 53;
};
//
// a PM nameserver config
//
zone '.' {
type hint;
file "named.ca";
};
zone '0.0.127.in-addr.arpa' {
type master;
file "named.local";
};
//there are our primary zone files
zone "chenwu.com" {
type master;
file "named.chenwu.com";
};
zone '0.168.192.in-addr.arpa' {
type master;
file 'named.192.168.0';
};
```

文件中的 zone "chenwu.com"段声明了这是用于 chenwu.com 域的主服务器，以便从 /var/named/named.chenwu.com 文件中加载该域的数据。

文件中的 zone '0.168.192.in-addr.arpa'段是指向映射 IP 地址 192.168.0.*到主机名的文件，从/var/named/named.192.168.0 文件中加载该域的数据。

创建或修改/var/named/named.local 文件。

```
@ IN SOA ns.test.com. root.ns.chenwu.com. (
2000051500 ; Serial
28800 ; Refresh
14400 ; Retry
3600000 ; Expire
86400 ) ; Minimum
IN NS ns.chenwu.com.
1 IN PTR localhost.
```

注意：在修改 named.*文件时，每次存盘时要注意增加 Serial 值。如使用绝对域名，请务必记得在后面加上"."。

资源记录中的@字符表示当前的域 chenwu.com，IN 表示资源记录使用 TCP/IP 地址，SOA 表示管辖开始记录.ns.chenwu.com.是这个域的主 DNS 服务器的标准名称，在此之后是联系的电子邮件地址，其中@字符必须用"."代替。

创建或修改/var/named/named.chenwu.com 文件。

```
@ IN SOA ns.test.com. root.ns.chenwu.com. (
2000051500 ; Serial
28800 ; Refresh
14400 ; Retry
3600000 ; Expire
86400 ) ; Minimum
IN NS ns.test.com.
ns A 172.16.0.1
ns2 A 172.16.0.11
www A 172.16.0.2
ftp CNAME www.chenwu.com.
mail A 192.168.0.3
MX 10 mail.chenwu.com.
```

创建或修改/var/named/named.192.168.0 文件。

```
@ IN SOA ns.test.com. root.ns.chenwu.com. (
2000051500 ; Serial
28800 ; Refresh
14400 ; Retry
3600000 ; Expire
86400 ) ; Minimum
IN NS ns.test.com.
1 IN PTR ns.chenwu.com.
11 IN PTR ns1. chenwu.com.
2 IN PTR www. chenwu.com.
3 IN PTR mail. chenwu.com.
```

配置完成后，重新启动 DNS 服务，使刚才所做的修改生效。使用如下命令重新启动 DNS

服务。

```
service named restart
```

5.3.4 辅助 DNS 服务器的配置

辅助 DNS 服务器可以完全复制从主 DNS 服务器上获取的域信息，也能以授权方式回答有关域名解析的查询。下面仍以"chenwu.com"为例，介绍配置辅助 DNS 服务器需要的 5 个基本配置文件。

```
/etc/named.conf
/var/named/named.ca
/var/named/named.local
```

创建或修改/etc/named.conf 文件。

```
// generated by named-bootconf.pl
options {
directory "/var/named";
/*
* If there is a firewall between you and nameservers you want
* to talk to, you might need to uncomment the query-source
* directive below. Previous versions of BIND always asked
* questions using port 53, but BIND 8.1 uses an unprivileged
* port by default.
*/
// query-source address * port 53;
};
//
// a SM nameserver config
//
zone '.' {
type hint;
file "named.ca";
};
zone '0.0.127.in-addr.arpa' {
type master;
file "named.local";
};
//there are our slave zone files
zone "chenwu.com" {
type slave;
file "named.chenwu.com";
masters {192.168.0.1;};
};
zone '0.168.192.in-addr.arpa' {
type slave;
file 'named.192.168.0';
masters {192.168.0.1;};
};
```

文件中的 masters {192.168.0.1;};的 IP 地址是网络中主服务器的 IP 地址。

注意：这 5 个配置文件中服务器的类型均为"slave"，表示辅助 DNS 服务器。

配置完成后，同样需要重新启动 DNS 服务，使刚才所做的修改生效。

5.4 习题

一、选择题

1．域名与（   ）具有一一对应的关系。

    A．IP 地址   B．MAC 地址

    C．主机   D．以上都不是

2．下列说法错误的是（   ）。

    A．因特网上提供客户访问的主机一定要有域名

    B．同一域名在不同时间可能解析出不同的 IP 地址

    C．多个域名可以指向同一台主机 IP 地址

    D．IP 子网中的主机可以由不同的 DNS 服务器来维护其映射

3．DNS 是基于（   ）模型的分布式系统。

    A．B/S   B．C/S

    C．P2P   D．以上均不正确

4．互联网中域名解析依赖于由 DNS 服务器组成的逻辑树。在域名解析过程中，主机上请求域名解析的软件不需要知道（   ）信息。

（1）本地 DNS 服务器父节点的 IP 地址

（2）DNS 服务器树根节点的 IP 地址

（3）本地 DNS 服务器的 IP 地址

    A．（1）、（2）   B．（1）、（3）

    C．（2）、（3）   D．（1）、（2）、（3）

5．在 DNS 的递归查询中，由（   ）给客户端返回地址。

    A．最开始连接的服务器   B．最后连接的服务器

    C．目的地址所在服务器   D．随机

6．（   ）可以将其管辖的主机名转换为主机的 IP 地址。

    A．代理 DNS 服务器   B．本地 DNS 服务器

    C．根 DNS 服务器   D．授权 DNS 服务器

7．在下列 TCP/IP 应用层协议中，可以使用传输层无连接服务的是（   ）。

    A．FTP   B．DNS

    C．SMTP   D．HTTP

8．DNS 的组成不包括（   ）。

    A．域名空间

    B．分布式数据库

    C．DNS 服务器

    D．从内部 IP 地址到外部 IP 地址的翻译程序

9. 若本地 DNS 服务器无缓存，则在采用递归方法解析另一网络某主机域名时，用户主机和本地 DNS 服务器发送的域名请求条数分别为（   ）。

  A. 1 条、1 条   B. 1 条、多条

  C. 多条、1 条   D. 多条、多条

10. 假设所有的 DNS 服务器均采用迭代查询方式进行域名解析，当主机访问规范域名为 www.abc.xyz.com 的网站时，本地 DNS 服务器在完成该域名解析的过程中，可能发出 DNS 查询的最少和最多次数分别是（   ）。

  A. 0 次、3 次   B. 1 次、3 次

  C. 0 次、4 次   D. 1 次、4 次

二、填空题

1. 因特网采用层次树状结构的命名方法。采用这种命名方法，任何一个连接到因特网的主机或路由器都有一个唯一的层次结构名称，即_____。

2. 两种 DNS 查询方式分别为_____和_____。

三、简答题

简述域名查询解析的过程及工作原理。

四、实验题

在 Windows Server 2016 操作系统和 Linux 操作系统下完成配置 DNS 服务器的实验。

第 6 章

因特网信息服务

6.1 因特网信息服务的简介

因特网上常见的信息服务有浏览网页的 Web 服务、下载和上传文件的 FTP 服务、邮件服务等。邮件服务将在第 7 章中专门介绍，本章先介绍 Web 服务和 FTP 服务。

微软在其操作系统中提供了一个管理因特网信息服务的工具，该工具被称为因特网信息服务器（Internet Information Server，IIS）。IIS 是一种 Web（网页）服务组件，其中包括 Web 服务器、FTP 服务器、NNTP 服务器和 SMTP 服务器，分别用于网页浏览、文件传输、新闻服务和邮件发送等方面，使得在网络（包括互联网和局域网）上发布信息成为一件很容易的事情。本章介绍 Windows Server 2016 操作系统中自带的 IIS 10.0 的配置和管理方法。

首先需要安装 IIS。安装 IIS 的方法与第 4 章和第 5 章中安装 DHCP 服务器、DNS 服务器的方法类似。打开"服务器管理器"窗口，单击"添加角色和功能"按钮，在打开的"添加角色和功能向导"窗口中，选择"服务器角色"选项卡；勾选"Web 服务器"复选框，在打开的窗口中单击"添加功能"按钮；选择"Web 服务器角色"选项卡中的"角色服务"子选项卡，勾选"Web 服务器-应用程序开发"中的"ASP"选项，勾选"Web 服务器-FTP 服务器"中的"FTP 服务"选项。此外，根据所需功能还可以选择其他角色服务。完成选择后，单击"下一步"按钮，单击"安装"按钮完成设置，系统会安装 Web 服务器。

6.2 在 Windows Sever 2016 操作系统下配置 Web 服务器

6.2.1 Web 服务的简介

Web 服务又被称为 Web Service。Web 是因特网中最重要的应用，甚至因特网的另一个重要应用——电子邮件也可以通过 Web 实现。事实上，许多免费的基于 Web 的电子邮件服务提供了丰富的功能，包括文字、图形、影像和声音的传输。我们日常上网做得最多的事情就是浏览 Web 网页，Web 服务器就是网页浏览服务的工具。

Web 的核心包括 5 部分：HTML、HTTP、URL、Web 服务器和 Web 浏览器。其中，HTML 是用于实现网页上各种功能的描述语言；HTTP 是 Web 服务器和 Web 浏览器进行交互的协议；URL 用于标识 Web 上的资源，包括 Web 页面，以及图像、音频等文件；Web 服务器是运行 Web 服务，为客户机提供 Web 资源的主机；Web 浏览器是客户访问 WWW 的工具。

6.2.2 使用 IIS 创建 Web 站点

IIS 安装完成后，在 IIS 控制台中（见图 6-2-1）会有一个默认的 Web 站点 Default Web Site，我们也可以新建一个 Web 站点。

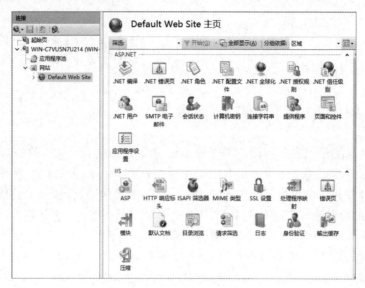

图 6-2-1 IIS 控制台 1

这里新建一个 Web 站点，在 IIS 中配置 Web 站点的步骤如下。

步骤 1：打开"服务器管理器"窗口，选择"工具"→"Internet Information Services 管理器"选项（见图 6-2-2），打开 IIS 控制台。在列表栏中右击"网站"选项，在弹出的快捷菜单中选择"添加网站"选项，弹出如图 6-2-3 所示的"添加网站"对话框。

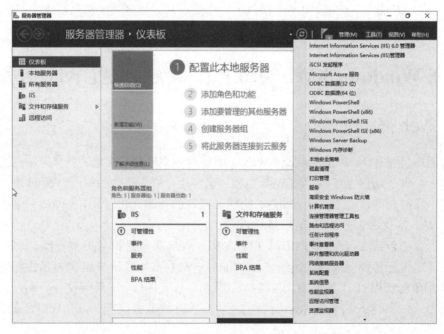

图 6-2-2 选择"Internet Information Services 管理器"选项

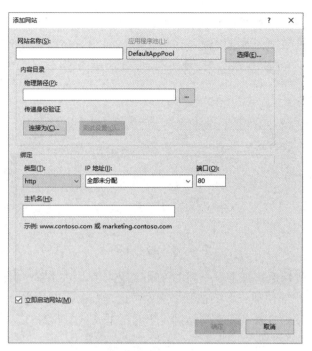

图 6-2-3　"添加网站"对话框

步骤 2：在"网站名称"文本框中输入网站名称，这里输入 chenwu123，如图 6-2-4 所示。

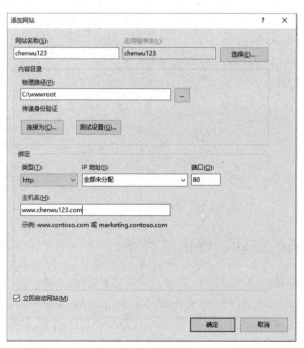

图 6-2-4　设置网站内容

步骤 3：单击"物理路径" ⬚ 按钮，设置物理路径，这里设置为 C：\wwwroot（见图 6-2-4）。

步骤 4：在"端口"文本框中可以使用默认的"80"端口，也可以自行修改。

步骤 5：在"主机名"文本框中输入 www.chenwu123.com（见图 6-2-4）。需要的配置内容填写完成后，单击"确定"按钮，打开如图 6-2-5 所示的窗口。

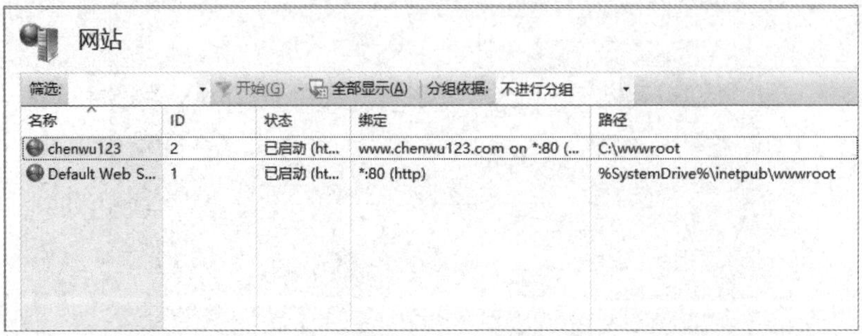

图 6-2-5　IIS 控制台 2

步骤 6：至此，成功地建立了一个新的 Web 站点，可以在 IIS 控制台的工作区中右击需要修改的网站，在弹出的快捷菜单中选择"绑定"选项，在弹出的窗口中选择需要修改的网站并单击"编辑"按钮，打开"编辑网站绑定"对话框（见图 6-2-6），即可修改 IP 地址、端口、主机名等内容。

图 6-2-6　"编辑网站绑定"对话框

6.2.3　Web 站点的启动、停止与暂停

默认情况下，Web 站点将在计算机重新启动时自动启动。我们也可以在 IIS 控制台中启动、停止与暂停一个 Web 站点。停止 Web 站点将停止 IIS，并从计算机内存中卸载 IIS。暂停 Web 站点将禁止 IIS 接收新的连接，但不影响正在处理的请求。启动 Web 站点将重新启动或恢复 IIS，具体操作如下。

在 IIS 控制台中，右击要启动、停止或暂停的 Web 站点，在弹出的快捷菜单中选择"重新启动"、"启动"或"停止"选项。

注意：如果 Web 站点意外停止，则 IIS 控制台中将无法正确显示服务器的状态，在重新

启动之前，要单击"重新启动"按钮。

6.2.4　Web 站点属性的设置

在 Web 站点发布到 IIS 上并正常运行后，需要考虑如何从基本设置、回收机制、性能、并发和安全性等方面进行配置。这里讲述如何对 IIS 的配置进行优化。

在 IIS 控制台中，选择"应用程序池"选项，在工作区中右击要设置的应用程序池选项，在弹出的快捷菜单中选择"设置应用程序池默认设置"选项，如图 6-2-7 所示。

图 6-2-7　选择"设置应用程序池默认设置"选项

选择"设置应用程序池默认设置"选项后，弹出如图 6-2-8 所示的对话框。其中，各属性标签的说明如下。

图 6-2-8　"应用程序池默认设置"对话框

1）常规

- 启动 32 位应用程序：默认值为 False，如果 Web 站点依赖一些 32 位组件，需设置为 True。
- 托管管道模式：在 IIS 7 及更高版本中应用程序池分为经典模式和 Integrated 模式（集成模式）。
  - ➢ 经典模式：为了保留和 IIS 6 一样的处理方式，使以前开发的代码可以方便地移植到 IIS 上。
  - ➢ 集成模式：将 ASP.NET 请求管道与 IIS 核心管道组合在一起。这种模式与操作系统结合得更紧密，能够提供更好的性能，实现配置和治理的模块化，而且增加了使用托管代码模块扩展 IIS 时的灵活性。

为了提高性能和模块化，建议设置为集成模式。

2）回收

- 固定时间间隔：一个时间段（以分钟为单位），超过该时间段应用程序池将被回收。
- 禁用重叠回收：默认值为 False。应用程序使用重叠回收方式。在这种方式下，当应用程序池要关闭某个工作进程时，会先创建一个工作进程，直到新的工作进程成功创建后再关闭旧的工作进程。若此项设置为 True，则先关闭旧的工作进程，再创建新的工作进程。
- 生成回收事件日志条目：当应用程序池发生一次指定的回收事件时，便会生成一个事件日志条目。通过以下 3 种方法可以打开"事件查看器"窗口，以查看日志信息。
  - ➢ 方法 1：选择"开始"→"Windows 系统"→"运行"选项，弹出"运行"对话框，输入"eventvwr"命令，单击"确定"按钮，即可打开"事件查看器"窗口。
  - ➢ 方法 2：打开"控制面板"窗口，选择"管理工具"选项，双击"事件查看器"选项，即可打开"事件查看器"窗口。
  - ➢ 方法 3：在"运行"对话框中，输入"%SystemRoot%/system32/eventvwr.msc/s"命令并按"Enter"键，即可打开"事件查看器"窗口。
- 特定时间：应用程序进行回收的一组特定的本地时间（24 小时制）。
- 优化设置：固定在低峰期回收。

3）进程模型

- 闲置超时（分钟）：工作进程在关闭之前保持闲置状态的时间（以分钟为单位）。如果某个工作进程既未处理请求，也未收到任何新的请求，便会进入闲置状态。
- 优化设置：设置为 0，避免内存信息频繁被回收清空。
- 空闲超时操作：默认为 Terminate，另一个选项为 Suspend。Terminate 表示一旦超时就终止服务，并且回收工作进程的缓冲区内存；Suspend 表示悬停等待，并且暂时不回收缓冲区内存。
- 关闭时间限制（秒）：为工作进程指定的、完成处理请求并关闭的时间段（以秒为单位）。如果工作进程超过关闭时间限制，则终止该进程。
- 启动时间限制（秒）：为工作进程指定的、启动并进行初始化的时间段（以秒为单位）。如果工作进程的初始化时间超过启动时间限制，则终止该进程。

4）并发性

- 常规：队列长度。TTP.sys 将限制应用程序池排队的最大请求数。其默认值为 1000，最大值为 65 535。如果设置过大，则会消耗大量的系统资源；如果设置过小，则会导致客户端访问时频繁出现"503 服务不可用"响应。

- 优化设置：可先设置为 5000（设置为预期最多并发用户数的 1.5 倍）。用 Windows 性能监控（打开方法为在"运行"对话框中输入"cmd"命令，打开命令提示符窗口，输入"perfmon.msc"命令并按"Enter"键）添加"HTTP ServiceRequest Queues/CurrentQueueSize"指标，观察某个应用程序池当前队列中请求的个数。
- 进程模型：最大工作进程数，既在 Web 园中可以配置此应用程序池所使用的最大工作进程数，其默认为 1，最大可以设置为 4 000 000。配置使用多个工作进程可以提高该应用程序池处理请求的性能，但是在设置为使用多个工作进程之前，需考虑以下两点。
  - ➢ 每个工作进程都会消耗系统资源和 CPU 占用率；工作进程太多会导致系统资源和 CPU 利用率的急剧消耗。
  - ➢ 每个工作进程都具有自己的状态数据，如果 Web 应用程序依赖于工作进程保存状态数据，那么可能不支持使用多个工作进程。这样设置可以增加了处理进程数（相当于集群），避免了大量请求处于排队状态。
- 在 IIS 控制台中，右击列表栏中对应网站，在弹出的快捷菜单中选择"管理网站"→"高级设置"选项，在弹出的对话框中选择"限制"选项（见图 6-2-9），即可设置最大并发连接数。默认支持并发请求数量为 5000，若超过此并发请求数量，则会报出异常。具体数值可参考压力测试结果来设定。

5）安全性

- 进程模型：标识，为不同的工作进程指定应用程序池（工作进程隔离模式）。默认情况下，选择"应用程序池标识"账户。在该方式下，每个应用程序池都有自己的账户，这样可以避免当木马上传到其中一个池中的 Web 站点时，操作另一个池中的文件夹。

图 6-2-9　选择"限制"选项

6.3 在 Linux 操作系统下配置 Web 服务器

6.3.1 Apache 的简介

如果读者要在 Linux 操作系统下建立 Web 站点，建议使用 Apache Web Server，因为 Apache 具有如下优点。

（1）Apache 是一个开放源码的软件，用户可以下载全部源码，并根据自己的需求进行修改。

（2）Apache 具有稳定性高、运行速度快的特点。经评测，Apache 是最流行的 Web 服务器端软件之一。

（3）支持多种 CGI 脚本。

（4）可以根据客户机的主机名/IP 地址、用户名/口令联合实现访问控制。

（5）几乎可以运行在所有的计算机平台上。

（6）具有简单并且强有力的基于文件的配置。

Apache 是一个经常被使用的 Web 服务器。根据 Netcraft 的调查，世界上 50%以上的 Web 服务器在使用 Apache，足以证明其性能优越。

6.3.2 Apache 的配置

Apache 的更新速度很快，目前最新版本是 Apache 2.4.46。读者可以在 Apache 的官方网站下载 Apache 的最新版本。

Apache 的下载和安装与 DHCP 服务器、DNS 服务器的类似，均使用 "rpm -ivh" 命令，这里不再赘述。本书以后涉及 rpm 软件包的安装时，也不再赘述，请读者根据 DHCP 服务器、DNS 服务器的安装过程自己安装。在这里说明一下，每个软件包对应的进程名可以与软件包的名称没有关系，如 DNS 的对应进程是 "named"，Apache 的对应进程是 "httpd"。

Apache 的设置文件位于 /usr/local/apache/conf/ 目录下，传统上使用 3 个配置文件（httpd.conf、access.conf 和 srm.conf）来配置 Apache 的行为。

httpd.conf 配置文件提供了最基本的服务器配置，是对守护程序 httpd 如何运行的技术描述；srm.conf 是服务器的资源映射文件，告诉服务器各种文件的 MIME 类型，以及如何支持这些文件；access.conf 配置文件用于配置服务器的访问权限，控制不同用户和计算机的访问限制。这 3 个配置文件控制着服务器的各方面的特性，因此为了正常运行服务器需要配置这 3 个配置文件。在新版本的 Apache 中，开发者建议用户将所有配置都写入 httpd.conf 配置文件中，其他两个配置文件为空。

除了这 3 个配置文件，Apache 还使用 mime.types 文件标识不同文件对应的 MIME 类型，使用 magic 文件设置不同 MIME 类型文件的一些特殊标识，使得其从文档后缀不能判断出文档的 MIME 类型时，能通过文件内容中的特殊标记来判断文档的 MIME 类型。

注意：MIME 是 Multipurpose Internet Mail Extensions 的缩写，在浏览器中显示的内容有 HTML、XML、GIF、Flash。那么，浏览器是如何区分这些内容，决定什么内容用什么形式来显示的呢？答案是 MIME 类型。

本书主要介绍 httpd.conf 配置文件的配置方法。httpd.conf 配置文件默认在 etc/httpd/conf 目录下。httpd.conf 配置文件的整个配置大致分为以下 3 部分。

- 控制 Apache 整体运行的部分（配置全局变量）。
- 配置主服务器或默认服务器的参数部分。这部分用于对非虚拟主机的设置，同时为所有的虚拟主机提供默认设置。注意：虚拟主机使用特殊的软硬件技术，把一台运行在因特网上的服务器主机分成若干台"虚拟"的主机，每台虚拟主机都具有独立的域名或 IP 地址，以及完整的因特网服务器（WWW、FTP、电子邮件等）功能，虚拟主机之间完全独立，并可由用户自行管理。在外界看来，一台虚拟主机和一台独立的主机完全一样。
- 配置虚拟主机的部分。

下面我们对这部分分别进行介绍。

1）配置全局变量

（1）选择服务器启动类型：Server Type。

Server Type 用于定义服务器的启动方式，默认值为独立（standalone）模式（该模式是启动 Apache 的一种方式）。在 standalone 模式下，httpd 服务器会自动启动，并驻留在主机中监视连接请求。另外，在 Linux 操作系统下，推荐在启动文件 /etc/rc.d/rc.local/init.d/apache 中进行设置，以实现 Web 服务器的自动启动。

启动 Apache 的另一种方式是 inetd 模式，即使用超级服务器 inetd 监视连接请求并启动服务器。当需要使用 inetd 模式启动 Apache 时，需要将服务器启动类型更改为 inetd，屏蔽 /etc/rc.d/rc.local/init.d/apache 文件，更改/etc/inetd.conf 配置文件并重新启动 inetd。

standalone 模式与 inetd 模式的区别：standalone 模式由服务器管理自己的启动进程，这样在启动时能立即启动服务器的多个副本，每个副本都驻留在内存中，只要有连接请求，不需要生成子进程就可以立即进行处理，对于客户端浏览器的请求反应更快，性能较高；inetd 模式通过 inetd 发现有连接请求后才启动 HTTP 服务器。由于 inetd 需要监听大量的端口，因此其响应速度较慢、效率较低，但可以节约没有连接请求时 Web 服务器占用的资源。因此，inetd 模式只用于偶尔被访问并且不要求访问速度的服务器。事实上，inetd 模式不适合 HTTP 的突发和多连接的特性，因为一个页面可能包含多个图像，而每个图像都会产生一个连接请求，即使访问人数可能较少，但瞬间的连接请求并不少，这将受到 inetd 性能的限制，甚至会影响由 inetd 启动的其他服务器程序。

（2）设置服务器的根目录：ServerRoot。

ServerRoot 用于指定守护进程 httpd 的运行目录。在启动 httpd 之后，进程的当前目录会自动改变为 ServerRoot 所定义的目录。因此，如果设置文件中指定的文件或目录为相对路径，那么该文件或目录的真实路径位于 ServerRoot 所定义的路径之下。

（3）设置加锁文件：LockFile。

由于 httpd 经常进行并发的文件操作，因此需要使用加锁的方式来保证文件操作不冲突。一般情况下，加锁文件的目录为 var/run/httpd.lock。由于 NFS 文件系统在文件加锁方面的能力有限，因此应该使用本地磁盘文件系统，而不是使用 NFS 文件系统来存放这个目录。

LockFile 用于指定 httpd 守护进程的加锁文件路径。一般情况下，Apache 会自动在 ServerRoot 路径下进行操作，因此不需要设置这个参数。然而，如果文件由 NFS 文件系统挂载，就需要使用 LockFile 来指定本地文件系统中的路径。

（4）设置进程号记录文件：PidFile。

PidFile 用于指定一个文件来记录 httpd 守护进程的进程号。由于 httpd 可以自动复制自身，因此系统中可能存在多个 httpd 守护进程。但是，只有一个进程是最初启动的父进程，其他进程都是该父进程的副本。通过 PidFile 定义的文件会记录 httpd 父进程的进程号，因此向该进程发送信号将会影响所有 httpd 进程。

（5）设置 ScoreBoardFile。

ScoreBoardFile 用于维护进程的内部数据。通常不需要改变这个参数，除非管理员想在一台计算机上运行几个 Apache，这时每个 Apache 都需要独立的 httpd.conf 配置文件，并使用不同的 ScoreBoardFile。

（6）设置超时时间。

Timeout：定义客户端程序和服务器连接的超时间隔，超过这个时间间隔（秒）后服务器将断开与客户机的连接。

KeepAlive On：在 HTTP 1.0 中，一次连接只能传输一次 HTTP 请求，而 KeepAlive 用于支持 HTTP 1.1 的一次连接、多次传输功能，这样可以在一次连接中传输多个 HTTP 请求。虽然只有较新的浏览器才支持一次连接、多次传输功能，但应该设置为 KeepAlive On 选项。

MaxKeepAliveRequests：一次连接可以进行的 HTTP 请求的最大请求次数。将 MaxKeepAliveRequests 值设置为 0，可以支持在一次连接内进行无限次的传输请求。事实上，没有客户端程序在一次连接中请求太多的页面，通常达不到这个上限就完成连接了。

KeepAliveTimeout：测试一次连接中多次请求传输之间的时间，如果服务器已经完成一次请求，但一直没有收到客户端程序的下一次请求，在间隔超过这个参数设置的值之后，服务器就断开连接。

（7）设置服务器进程数。

在 Apache 2.0 版本以后，Apache 的性能有了很大提高，其中一个重要的变化就是增加了多道处理模块（Multi-Processing Modules，MPM）。该模块负责绑定本机网络端口，接收请求并分配给子进程来处理请求。对于不同的操作系统，Apache 所选用的 MPM 也不同，而且在同一时刻只能有一种 MPM 被加载到服务器上。在 Linux 和 UNIX 操作系统中，默认被加载的 MPM 模式称为 prefork。读者只需对 prefork MPM 部分进行设置。下面是一段 prefork MPM 的设置实例。

```
<IfModule prefork.c>
StartServers         5
MinSpareServers      5
MaxSpareServers      10
MaxClients           150
MaxRequestsPerChild  0
</ IfModule >
```

下面对每个设置项进行讲解。

● StartServers：用于设置 httpd 启动时启动的子进程副本数量。StartServers 与 MinSpareServers 和 MaxSpareServers 相关，都是用于启动空闲子进程以提高服务器的反应速度的参数。StartServers 应该设置为 MinSpareServers 和 MaxSpareServers 值之

间的一个值，小于 MinSpareServers 值和大于 MaxSpareServers 值都没有意义。

- MinSpareServers 和 MaxSpareServers：在使用子进程处理 HTTP 请求的 Web 服务器上，由于要首先生成子进程才能处理客户的请求，因此服务器的响应时间有一点延迟。但是，Apache 使用了一种特殊技术来摆脱这个问题，即预先生成多个空闲子进程并将其驻留在系统中，一旦有请求出现，就立即使用这些空闲子进程进行处理，这样可以避免因生成子进程而造成的延迟。在运行中，随着客户请求的增多，启动的子进程会随着增多，但这些服务器副本在处理完一次 HTTP 请求之后并不立即退出，而是驻留在计算机中等待下一次服务请求。但是，空闲子进程副本不能只增加不减少，过多的空闲子进程即使没有处理任务，也占用服务器的处理能力，所以要限制空闲子进程的数量，使其保持一个合适的数量，从而既能及时回应客户请求，又能减少不必要的进程数量。因此，如果使用 MinSpareServers 来设置最少的空闲子进程数量，以及使用 MaxSpareServers 来限制最多的空闲子进程数量，则多余的服务器进程副本退出。根据服务器的实际情况进行设置，如果服务器性能较高，并且被频繁访问，就应该增大这两个参数的值。对于高负载的专业网站，这两个值应该大致相同，并且等同于系统支持的最大服务器副本数量，从而减少不必要的副本退出。

- MaxClients：尽管 httpd 可以开辟多个进程，但服务器的能力毕竟是有限的，不可能同时处理无限多的连接请求，因此该参数用于规定服务器支持的最多并发访问的客户数。如果 MaxClients 值设置得过大，则系统在繁忙时不得不在过多的进程之间进行切换来为太多数的客户提供服务，这样会使对每个客户的反应减慢，并降低整体的效率；如果 MaxClients 值设置得较小，则系统繁忙时会拒绝一些客户的连接请求。当服务器性能较高时，可以适当增加 MaxClients 值的设置。对于专业网站，应该使用提高服务器效率的策略，因此 MaxClients 不能超过硬件本身的限制，如果频繁出现拒绝访问现象，就说明需要升级服务器硬件；对于非专业网站，对客户端浏览器的响应速度不太在意，或者认为响应速度较慢也比拒绝连接好，就可以略微超过硬件条件来设置这个参数。MaxClients 可以限制 MinSpareServers 和 MaxSpareServers 的设置，这两个参数的值不应该大于 MaxClients 的设置。

- MaxRequestsPerChild：使用子进程的方式提供服务的 Web 服务，常用的方式是一个子进程为一次连接服务，这样造成的问题是每次连接都需要生成和退出子进程的系统操作，使得这些额外的处理过程消耗了计算机的大量的处理能力。因此，最好的方式是一个子进程可以为多次连接请求服务，以此减少因多次生成和退出子进程而产生的系统消耗。Apache 就采用了这样的方式，一次连接结束后，子进程并不退出，而是驻留在系统中等待下一次服务请求，这样极大地提高了性能。在处理过程中子进程要不断地申请和释放内存，次数多了会造成一些内存垃圾，从而影响系统的稳定性，以及系统资源的有效利用。因此，在一个副本处理过一定次数的请求之后，可以让这个子进程副本退出，并从原始的 httpd 进程中重新复制一个干净的副本，以此提高系统的稳定性。MaxRequestPerChild 可以定义每个子进程处理服务请求的次数，其默认值为30。这个值对具备高稳定性特点的 Linux 操作系统来讲是过于保守的设置，可以设置为1000，甚至更高。当设置为 0 时，则表示支持每个副本进行无限次的服务处理。

（8）设置地址绑定：Listen。

Listen 用于将 Apache 绑定到指定的 IP 地址和端口上。在 Linux 操作系统下，一台主机可以有多个网络接口，一个网络接口可以有多个 IP 地址，支持将 Apache 绑定到多个指定 IP

地址上，否则 Apache 会监听所有的 IP 地址。除了可以监听标准的 80 端口，Listen 还可以指定服务器监视来自其他端口的 HTTP 请求。

（9）选择模块：Load Module 和 Add Module。

Apache 的一个重要特性就是模块化的结构，这不仅表现为编译时能通过新的模块加入新的功能，还表现为其模块可以动态载入 HTTP 服务程序，而不必载入不需要的模块。使用 Apache 的动态加载模块只需设置好 Load Module 和 Add Module，这种按需添加功能模块的机制来自 Apache 的 DSO（Dynamic Shared Object，动态共享对象）。然而，要想充分使用 DSO 机制并不是一件简单的事情，不适当的改动相关参数设置可能造成服务器不能正常启动，因此如果不增加或减少服务器提供的功能，就不要改动相关参数的设置。

（10）配置状态信息：ExtendedStatus On/Off。

Apache 可以通过特殊的 HTTP 请求来报告自身的运行状态，打开 ExtendedStatus 可以让服务器报告更全面的运行状态信息。

2）配置主服务器

这部分的设置内容可以作为所有运行在 Apache 上 Web 服务的默认设置。

（1）设置用户和组。

设置用户和组的一般流程为在 Linux 操作系统建立用户后（这里以 "apache" 用户名为例），在 Apache 的 httpd.conf 配置文件中设置 User 和 Group。用户和组的相关设置内容如下。

```
# If you wish httpd to run as a different user or group, you must run
# httpd as root initially and it will switch.
# User/Group: The name (or #number) of the user/group to run httpd as.
# It is usually good practice to create a dedicated user and group for
# running httpd, as with most system services.
User apache
Group apache
```

虽然 Apache 具有较高的安全性，但没有绝对的安全，用户最好不要以 "root" 用户身份运行 Apache。在运行 Apache 时，首先以 "root" 用户身份运行，然后转为普通用户，即 User 和 Group 指定的用户和组，以保证 Apache 的安全。Apache 在打开端口之后，将运行以上操作中设置的用户和组权限，从而降低服务器的危险性。

通过 httpd.conf 配置文件设置用户和组仅限于 standalone 模式，inetd 模式在 inetd.conf 配置文件中指定运行 Apache 的用户。由于服务器必须执行改变身份的 setuid() 操作，因此初始进程应该具备 root 权限，如果使用非 root 用户启动 Apache，则以 inetd 模式进行配置不会发挥作用。

用户和组的默认设置分别为 nobody 和 nogroup，这个用户和组在系统中没有文件，可以保证服务器本身和由服务器启动的 CGI 进程没有权限更改文件系统。在某些情况下，如为了 CGI 与 UNIX 交互，需要让服务器来访问服务器上的文件，如果仍然使用 nobody 和 nogroup，那么系统中会出现属于 nobody 的文件，这对系统安全是不利的。这是因为其他程序也会以 nobody 和 nogroup 的权限执行某些操作，还可能访问这些 nobody 拥有的文件，从而造成安全问题。一般情况下，需要为 Web 服务设定一个特定的用户和组，同时在 User apache 和 Group apache 中更改用户和组的设置。在本例中，我们将用户和组均设为 "apache"。

（2）设置端口号：Port。

Port 用于定义 standalone 模式下 httpd 守护进程使用的端口，标准端口是 80。通过 Port 设置使用的端口，只对以 standalone 模式方式启动的服务器有效，而对以 inetd 模式启动的服务器则需要在 inetd.conf 配置文件中定义使用哪个端口。

（3）设置管理员电子邮件：ServerAdmin。

ServerAdmin 用于配置 WWW 服务器的管理员的电子邮件地址，以及将 HTTP 服务出现错误的条件返回给浏览器，以便 Web 使用者与管理员联系并报告错误。

（4）设置服务器名：ServerName。

默认情况下，不需要指定 ServerName，服务器将自动通过名字解析过程来获得自己的名字，但如果服务器的名字解析有问题（通常为反向解析不正确），或者没有正式的 DNS 名字，则可以在 ServerName 中指定 IP 地址。当 ServerName 设置不正确时，服务器不能正常启动。

通常一个 Web 服务器可以具有多个名字，客户端浏览器可以使用这些名字或 IP 地址来访问这台服务器，但在没有定义虚拟主机的情况下，Web 服务器总是以自己的正式名字回应客户端浏览器。ServerName 定义了 Web 服务器承认的正式名字，如一台服务器的名字（在 DNS 中定义了 A 类型）为 exmaple.org.cn，为了方便记忆定义了一个别名（CNAME 记录）为 www.exmaple.org.cn，Apache 自动解析得到的名字为 example.org.cn，这样不管客户端浏览器使用哪个名字发送请求，服务器总是告诉客户端程序自己为 example.org.cn。虽然这样一般不会造成什么问题，但是考虑到某天服务器可能迁移到其他计算机上，而只想通过更改 DNS 中的 www 别名配置完成迁移任务，如果不想让客户在书签中使用 Linux 操作系统记录下的这个服务器的地址，就必须使用 ServerName 来重新指定服务器的正式名字。

（5）设置文档目录：DocumentRoot。

DocumentRoot 用于定义服务器对外发布的超文本文档存放的文件根目录，客户端程序请求的 URL（统一资源定位符）会被映射为这个目录下的网页文件。这个目录下的子目录，以及使用符号连接指出的文件和目录都能被浏览器访问，但是需要在 URL 上使用同样的相对目录名。

（6）设置选项和覆盖。

Apache 可以对目录进行文档的访问控制。访问控制可以通过两种方式来实现：一种方式是在 httpd.conf（或 access.conf）配置文件中对每个目录进行设置，另一种方式是在每个目录下设置访问控制文件，通常访问控制文件名为.htaccess。虽然使用这两种方式都能控制浏览器的访问，但是使用配置文件的方式要求每次改动后重新启动 httpd 守护进程，比较不灵活，因此此方式主要用于配置服务器系统的整体安全控制策略，而使用每个目录下的.htaccess 配置文件来配置具体目录的访问控制更为灵活方便。下面讲解在 httpd.conf 配置文件中配置选项的方法。下面是一段选项的设置实例。

```
<Directory />
    Options Indexes FollowSymLinks
    AllowOverride None
</ Directory >
```

从上面的设置实例可以看出，Directory 语句是用来定义目录的访问限制的。这里可以看出 Directory 语句的标准语法为一个目录定义访问限制。上例的设置是针对系统的根目录进行的，设置了允许符号连接的选项 FollowSymLinks，以及使用 AllowOverride None 表示不允许这个目录下的访问控制文件来改变这里的设置，这也意味着不用查看这个目录下的相应访问控制文件。

由于 Apache 对目录的访问控制设置是能被下一级目录继承的，因此对根目录进行设置会影响其下级目录。注意：AllowOverride None 的设置使得 Apache 不需要查看根目录下的访问控制文件，也不需要查看该目录下各级目录的访问控制文件，直至 httpd.conf（或 access.conf）配置文件中为某个目录指定了允许 AllowOrride，即允许查看访问控制文件。

鉴于下一级目录将继承本级目录的访问控制设置，若根目录预先设置为允许查看访问控制文件，则 Apache 将进行逐级的目录遍历，以搜寻所需的访问控制文件，该操作会对系统性能造成影响。默认关闭根目录查看访问控制文件的特性，使得 Apache 从 httpd.conf 配置文件中具体指定的目录向下搜寻，减少了搜寻的级数，提高了系统性能。因此，将系统根目录设置为 AllowOverride None，不但可以提高系统的安全，还可以提高系统的性能。

下面也是一段选项的设置实例。

```
<Directory "/var/www/html">
    Options Indexes FollowSymLinks
    AllowOverride None
    Order Allow, Deny
        Allow from All
</Directory>
```

上例定义的是系统对外发布文档的目录的访问设置，设置不同的 AllowOverride 选项，以定义配置文件中的目录设置和用户目录下的安全控制文件的关系，而 Options 选项用于定义该目录的特性。

AllowOverride 的主要选项如下。

- All：默认值，使访问控制文件可以覆盖系统配置。
- None：服务器忽略访问控制文件的设置。

Options 的主要选项如下。

- All：所有目录特性都有效，默认值。
- None：所有目录特性都无效。
- Indexes：允许浏览器生成这个目录下所有文件的索引，使这个目录下没有 index.html 文件（或其他索引文件）时，能向浏览器发送这个文件目录下的文件列表。
- FollowSymLinks：允许使用符号连接，这将使浏览器有可能访问文档根目录（DocumentRoot）之外的文档。
- SymLinksIfOwnerMatch：只有当符号连接的目标文件与符号连接本身拥有相同的所有者时，才允许访问，这个设置将增加系统的安全性。

此外，上例中还使用了 Order、Allow、Deny，这是 Limit 语句中用来根据浏览器的域名和 IP 地址来控制访问的一种方式。其中，Order 定义处理 Allow 和 Deny 的顺序，而 Allow、Deny 则针对名字或 IP 地址进行访问控制设置。上例使用 Allow from All 表示允许所有的客户机访问这个目录，而不进行任何限制。

（7）设置用户目录：UserDir。

当在一台 Linux 操作系统的计算机上运行 Apache 时，这台计算机上的所有用户都可以有自己的网页路径，形如 http://example.org.cn/~user，使用波浪符号加上用户名就可以映射到用户自己的网页目录上。映射目录是用户个人主目录下的一个子目录，名字用 UseDir 进行定义，默认为 public_html。如果不想为正式的用户提供网页服务，则使用 DISABLED 作为 UserDir 的参数。

（8）设置目录索引：Directory。

很多情况下，URL 中没有指定文件的名字，而只给出了一个目录名，Apache 会自动返回目录下由 DirectoryIndex 定义的文件。此外，可以指定多个文件名，系统会在该目录下顺序搜索。当所有由 DirectoryIndex 指定的文件都不存在时，Apache 可以根据系统设置，生成这个目录下的所有文件列表，以供用户选择。此时，这个目录的访问控制选项中的 Indexes 选项（Options Indexes）必须打开，使服务器能够生成目录列表，否则 Apache 将拒绝访问。

例如，设置目录索引为 DirectoryIndex index.html index.htm default.htm，则系统会在网页目录下依次寻找 index.html、index.htm 和 default.htm。

（9）设置访问控制：AccessFileName.htaccess。

AccessFileName 用于定义每个目录下的访问控制文件的名字，默认为.htaccess。用户可以通过更改 http.conf 配置文件来改变不同目录的访问控制限制。

（10）设置 MIME 类型：TypesConfig。

TypeConfig 用于设置存有不同的 MIME 类型数据的文件名，在 Linux 操作系统下默认设置为/usr/local/apache/etc/mime.types。

（11）设置日志。

设置日志有如下几个选项。

- HostnameLookups On/Off：Apache 可以记录客户机的 IP 地址，如果要想获得客户机的主机名，以进行日志记录和提供给 CGI 程序使用，就需要使用此选项，并将其设置为 On，即打开 DNS 反查功能。但是，这将使服务器对每次客户请求都进行 DNS 查询，增加系统开销，导致系统的反应变慢，因此默认设置为 Off，即关闭 HostnameLookups。关闭此选项之后，服务器不会获得客户机的主机名，而只能使用 IP 地址来记录客户。
- ErrorLog：指定错误日志文件的位置。
- LogLevel：指定将什么样的错误记录在日志文件中，错误级别包括 debug、info、notice、warn、error、crit、alert 和 emerg。
- LogFormat：定义日志记录的格式。

3）配置虚拟主机

httpd.conf 配置文件的第 3 部分用于设置虚拟主机。其中，NameVirtualHost 用于指定虚拟主机使用的 IP 地址，这个 IP 地址将对应多个 DNS 名字。如果 Apache 使用 Listen 控制了多个端口，那么可以在 NameVirtualHost 中加上端口号，以区分对不同端口的不同连接请求。此后，先使用 VirtualHost 语句，再利用 NameVirtualHost 指定的 IP 地址作为参数，对每个名字访问对应的虚拟主机设置。其他的设置与设置主服务器基本相同，此处不再赘述，只给出一个虚拟主机的配置实例。

```
NameVirtualHost 192.168.0.10
<VirtualHost 192.168.0.10>
    ServerAdmin chenwu@ chenwu.org.cn
    DocumentRoot /www/chenwu
    ServerName linux.chenwu.org.cn
</VirtualHost>
```

6.4 在 Windows Sever 2016 操作系统下配置 FTP 服务器

6.4.1 FTP 服务的简介

FTP 服务是以所使用的协议——FTP 来命名的。协议的任务是从一台计算机将文件传送到另一台计算机上，其与这两台计算机所处的位置、联系的方式及使用的操作系统无关。假设两台计算机能与 FTP 对话，并且能访问因特网，就可以用 FTP 软件的命令来传输文件。对于不同的操作系统，具体操作上可能有些细微差别，但是基本的命令结构是相同的。

FTP 是个非常有用的工具，用户可以在任意个可通过 FTP 访问的公共有效的联机数据库或文档中找到想要的任何东西。全世界已有 1000 多个（截至 1996 年的数据）FTP 文件服务器供所有因特网用户使用，用户可以通过与因特网相连的计算机，传输需要的文件。

FTP 的最大特点是使用双端口的工作方式，FTP 通常开放 21 端口进行监听，客户端随机开放一个端口向服务器发起连接，这被称为控制连接（Control Connection）。控制连接用于传输客户端的命令和服务器端对命令的响应，生存期是整个 FTP 的会话时间。如果传输数据，则使用数据连接（Data Connection）。数据连接在需要传输数据时建立，一旦数据传输完成就关闭连接，每次使用的端口也不一定相同。数据连接既可能是客户端发起的，也可能是服务器端发起的。根据数据连接发起者的不同，FTP 可以分为以下两种工作模式。

主动模式：FTP 客户端先随机开启一个大于 1024 的 N 端口向 FTP 服务器的 21 端口发起连接，然后开放 $N+1$ 端口进行监听，并向服务器发出 "PORT $N+1$" 命令。服务器接收命令后，会用本地的数据端口（通常是 20 端口）连接客户端的 $N+1$ 端口进行数据传输。

被动模式：FTP 客户端先随机开启一个大于 1024 的 N 端口向 FTP 服务器的 21 端口发起连接，并开启 $N+1$ 端口；然后向服务器发送 "PASV" 命令，通知服务器自己处于被动模式。服务器接收命令后，会开放一个大于 1024 的 P 端口监听，并发送 "PORT P" 命令通知客户端自己的端口是 P。客户端收到命令后，会用 $N+1$ 端口连接服务器的 P 端口进行数据传输。

基本的 FTP 服务器根据服务的对象可以分为两种：一种是 UNIX 操作系统（包括 Linux 操作系统）基本的 FTP 服务器，使用者是服务器上合法的用户；另一种是匿名 FTP 服务器（Anonymous FTP Service），任何人只要使用 anonymous 或 FTP 账号并以电子邮件地址作为口令，就可以使用 FTP 服务。

6.4.2 使用 IIS 创建 FTP 站点

步骤 1：打开 IIS 控制台（见图 6-2-1），右击"网站"选项，弹出如图 6-4-1 所示快捷菜单，选择"添加 FTP 站点"选项。

步骤 2：在"添加 FTP 站点"窗口中（见图 6-4-2）可以自定义 FTP 站点名称和物理路径，这里分别设置为 FtpServer 和 C 盘中的 FtpServer 文件夹，单击"下一步"按钮。

步骤 3：进入如图 6-4-3 所示的界面，在"IP 地址"和"端口"文本框中根据需要输入 FTP 站点要绑定的 IP 地址和

图 6-4-1 "网站"选项的快捷菜单

端口。这里将"IP 地址"设置为 127.0.0.1，表示本机地址，"端口"设置为 21，勾选"自动启动 FTP 站点"复选框。SSL 是为网络通信提供安全及数据完整性的一种安全协议，可以根据需要进行配置，这里选中"无 SSL"单选按钮，单击"下一步"按钮。

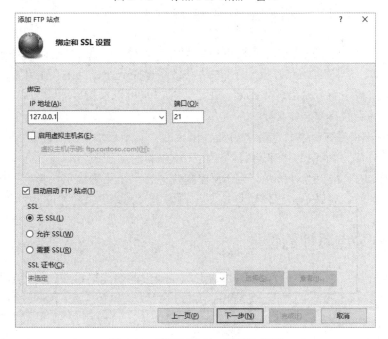

图 6-4-2　"添加 FTP 站点"窗口

图 6-4-3　"绑定和 SSL 设置"界面

　　步骤 4：在"身份验证和授权信息"界面中配置身份验证和授权信息（见图 6-4-4），单击"完成"按钮。

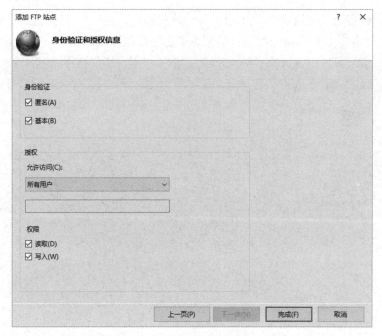

图 6-4-4　配置身份验证和授权信息

　　至此，已经成功地创建了一个新的 FTP 站点。输入 ftp://+计算机的 IP 地址或域名可以访问这个站点。

6.4.3　FTP 站点的启动、停止与重新启动

　　默认情况下，FTP 站点将在计算机重新启动时自动启动。在 IIS 控制台中也可以启动、停止与重新启动一个 FTP 站点。停止 FTP 站点将停止并从计算机内存中卸载因特网服务。在 FTP 站点关闭状态下可以启动该站点，在运行状态也可以重新启动该站点。启动、停止和重新启动 FTP 站点的具体操作如下。

　　步骤 1：在 IIS 控制台中，选择要启动、停止或"重新启动"的 FTP 站点。

　　步骤 2：单击工具栏中的"启动"、"停止"或重新启动按钮。

　　注意：如果 FTP 站点意外停止，则 IIS 控制台中将无法正确显示服务器的状态。在重新启动 FTP 站点之前，要先单击"停止"按钮，再单击"开始"按钮重新启动站点。

6.4.4　FTP 站点属性的设置

　　在 IIS 控制台中，右击要设置的 FTP 站点，在弹出的快捷菜单中选择"添加 FTP 站点"选项，进入如图 6-4-5 所示的界面。该界面中的各属性标签的说明如下。

　　FTP IP 地址和域限制：可以定义和管理允许或拒绝访问特定 IP 地址、IP 地址范围或域名相关内容的规则。

　　FTP SSL 设置：可以管理对 FTP 服务器与 FTP 客户端之间的控制通道和数据通道传输的加密。"FTP SSL 设置"界面如图 6-4-6 所示。

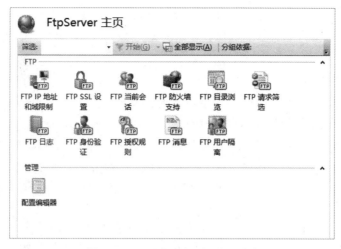

图 6-4-5　"FtpServer 主页"界面

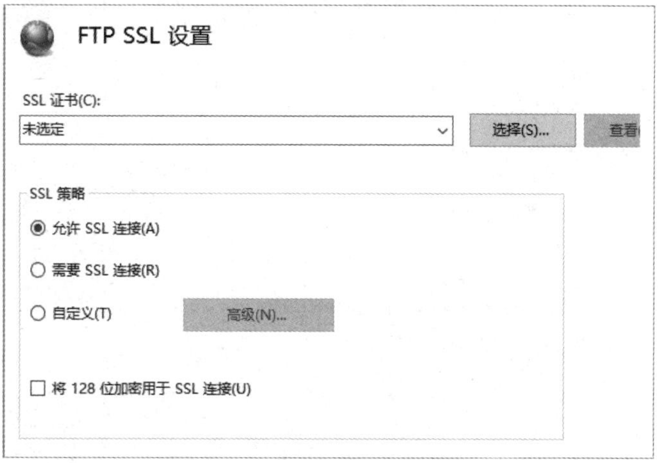

FTP SSL 设置

SSL 证书(C):

未选定　　　　　　　　　　　　　　　　　　　　　　　选择(S)...　　查看

SSL 策略

◉ 允许 SSL 连接(A)

○ 需要 SSL 连接(R)

○ 自定义(T)　　　　　高级(N)...

□ 将 128 位加密用于 SSL 连接(U)

图 6-4-6　"FTP SSL 设置"界面

FTP 当前会话：可以监视 FTP 站点的当前会话。

FTP 防火墙支持：可以在 FTP 客户端连接位于防火墙服务器后的 FTP 服务器时，修改被动连接的位置。"FTP 防火墙支持"界面如图 6-4-7 所示。

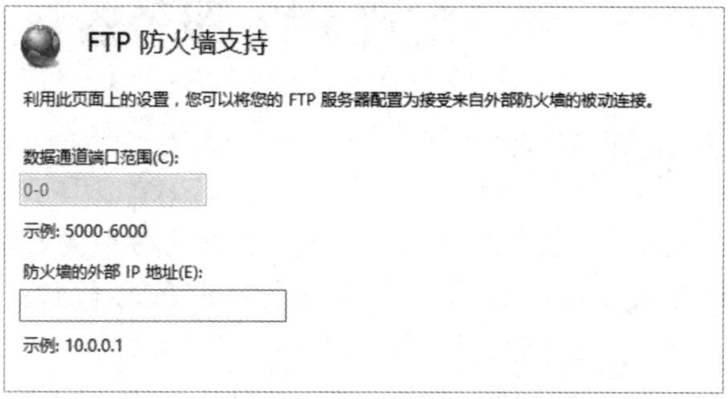

FTP 防火墙支持

利用此页面上的设置，您可以将您的 FTP 服务器配置为接受来自外部防火墙的被动连接。

数据通道端口范围(C):

0-0

示例: 5000-6000

防火墙的外部 IP 地址(E):

示例: 10.0.0.1

图 6-4-7　"FTP 防火墙支持"界面

FTP 目录浏览：可以修改 FTP 服务器上浏览目录的内容设置。在配置目录浏览时，所有目录都使用相同的配置。

FTP 请求筛选：可以为 FTP 站点定义请求筛选设置。请求筛选是一种安全功能，通过该功能，ISP 和应用服务提供商可以限制协议和内容行为。

FTP 日志：可以配置服务器站点级别的日志记录功能及日志记录设置。

FTP 身份验证：可以配置 FTP 客户端用于获得内容访问权限的身份验证方法。通过单击相应的列标题，可以按名称、状态或类型对此列表进行排序。通过"分组依据"下拉列表，可以将身份验证功能按类型或状态进行分组。

FTP 授权规则：可以管理"允许"或"拒绝"规则的列表，用来控制对内容的访问。这些规则显示在一个列表中，可以通过改变其顺序授予一些用户的访问权限，同时拒绝另一些用户的访问权限。此外，FTP 授权规则还可以查看其他规则的信息，如"模式"、"用户"、"角色"或"权限"。

FTP 消息：可以修改当用户连接到 FTP 站点时所发送消息的设置。

FTP 用户隔离：可以定义 FTP 站点的用户隔离模式。FTP 用户隔离将用户限制在其自己的目录中，从而防止用户查看或覆盖其他用户的内容。"FTP 用户隔离"界面如图 6-4-8 所示。

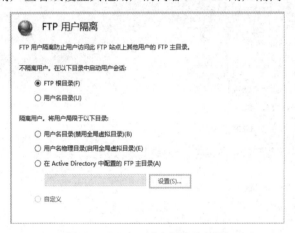

图 6-4-8 "FTP 用户隔离"界面

配置编辑器：用于管理 FTP 网站、修改网站的关键信息（如物理路径、网站名称等）、设置网站权限等。

6.5 在 Linux 操作系统下配置 FTP 服务器

6.5.1 Wu-ftpd 服务的简介

为了实现 Linux 操作系统下的 FTP 服务器配置，在绝大多数的 Linux 发行版本中，选用的都是 Washington University FTP。该软件是一个著名的 FTP 服务器软件，一般被简称为 Wu-ftpd。Wu-ftpd 功能强大，能够很好地运行于众多的 UNIX 操作系统，如 IBM AIX、FreeBSD、HP-UX、NEXTSTEP、Dynix、SunOS、Solaris 等。所以，因特网上的 FTP 服务器，一半以上采用了 Wu-ftpd。

Wu-ftpd 拥有许多强大的功能，可以满足吞吐量较大的 FTP 服务器的管理要求，具体如下。

- 可以在用户下载文件的同时对文件自动地做压缩或解压缩操作。
- 可以对不同网络上的机器做不同的存取限制。
- 可以记录文件的上传和下载时间。
- 可以显示传输时的相关信息，方便用户及时了解目前的传输动态。
- 可以设置最大连接数，从而提高效率，有效地控制负载。

读者可以从 Wu-ftpd 的官网下载最新的 Wu-ftpd 源程序。

根据服务对象的不同，FTP 服务可以分为两类：一类是系统 FTP 服务器，只允许系统上的合法用户使用；另一类是匿名 FTP 服务器，允许任何人登录到 FTP 服务器，连接服务器后，在登录提示中输入 Anonymous，即可访问该服务器。针对这两类服务，可以通过 Red Hat 的第一张光盘安装 Wu-ftpd 的 rpm 软件包，只需以 root 身份进入系统并运行下面的命令。

```
rpm - ivh anonftp -x.x-x.i386.rpm
rpm - ivh wu-ftpd-x.x.x-x.i386.rpm
```

其中，-x.x-x 和-x.x.x-x 是版本号。

6.5.2　Wu-FTP 的配置

Wu-ftpd 的配置文件包括 ftpaccess、ftpusers、ftp-groups、ftpphosts、ftpconversions （这些配置文件均位于/etc/目录下）。利用这些配置文件，可以相当准确地控制某个用户、某个时间段从何地以何种方式访问服务器，也可以跟踪用户连接服务器后的所有操作。这些配置文件的简要说明如下。

- ftpaccess：Wu-ftpd 的主配置文件，文件中的一行命令可以定义一个属性，主要用来控制存取权限。
- ftpusers：配置允许和拒绝访问服务器的用户。
- ftp-groups：配置允许和拒绝访问服务器的组。
- ftpphosts：配置允许和拒绝访问服务器的主机。
- ftpconversions：用来配置 FTP 的压缩/解压缩属性。

下面分别介绍这些配置文件的配置方法。

1）ftpaccess 配置文件

（1）定义用户类别。

```
class <类名> <real/guest/anonymous><客户机 IP 地址>
```

此语句用来定义 FTP 服务器上用户的类别，包括 real、guest、anonymous 三种用户类型，其权限依次降低，并可对客户端的 IP 地址进行限制，允许特定或全部的 IP 地址访问 FTP 服务器。

例如，class all real,guest,anonymous *定义了一个类别 all，包括 real、guest、anonymous 三种类型的用户，这些用户可以来自任何地址的客户机。

（2）设置拒绝访问的主机地址。

```
deny <客户机地址> <提示文件>
```

此语句用来设置拒绝哪些客户机访问 FTP 服务器。其中，客户机地址是被拒绝主机的地址，可以是 IP 地址，也可以是域名；提示文件是向被拒绝主机显示的信息。

（3）设置 guest 用户和组。

```
guestgroup <groupname> [groupname...]
```

```
guestuser <groupuser> [groupuser...]
```

此语句用来指定某个组的用户或某个用户为 guest 用户。

（4）设置 real 用户和组。

```
realgroup <realname> [realname...]
realuser <realuser> [realuser...]
```

此语句用来指定某个组的用户或某个用户为 real 用户。

（5）限制登录次数。

```
loginfails <number>
```

此语句用来限制用户登录失败的次数。例如，在命令提示符窗口中输入"loginfails 10"命令，表明如果登录 10 次还没有成功，就断开连接。

（6）设置欢迎信息。

```
banner <文件名>
```

此语句用来设置当用户连接 FTP 服务器时，在登录前显示的欢迎信息。其中，文件名指定存有欢迎信息的文件的路径和名称。

（7）限制登录人数。

```
limit [类别] [人数] [时间] [文件名]
```

此语句用来设置指定类别在约定时间内可以登录 FTP 的人数。例如，limit remote 20 Any/etc/many.msg 说明 remote 类别在任何时间，登录人数不能超过 20 个人，否则会显示 many.msg 警告信息。

（8）设置用户上传文件的目录。

下例中/var/ftp 目录下的/incoming 目录可以用来上传文件，上传文件的属主是 root，组别是 daemon，读取权限是 0600，dirs 表示在/incoming 目录下可以创建子目录。

```
upload/var/ftp* no nobody nogroup 0000 nodirs
upload/var/ftp/bin no
upload/var/ftp/etc no
upload/var/ftp/incoming yes root daemon 0600 dirs
```

ftpaccess 配置文件中最主要的配置项就是这些，还有一些其他更为细致的配置项，请读者参考 Wu-ftpd 的帮助文件。

2）ftpusers 配置文件和 ftp-groups 配置文件

ftpusers 配置文件和 ftp-groups 配置文件的作用是设置拒绝哪些用户和组登录 FTP 服务器。要拒绝某个用户或组，只需将用户名或组名加入对应的文件。

3）ftpphosts 配置文件

为了区别对待来自不同主机的用户，可以在 ftpphost 配置文件中根据客户机的地址设置用户的权限。

ftpphosts 配置文件的格式如下。

```
allow <username> <adderss> [adderss...]
deny <username> <adderss> [adderss...]
```

其中，allow 表示允许访问；deny 表示拒绝访问；address 表示客户机的地址。举例如下。

```
deny anonymous *
allow anonymous 192.168.0.10/24
```

前一条规则表示拒绝匿名用户登录 FTP 服务器，后一条规则表示允许匿名用户从主机

192.168.0.10/24 登录 FTP 服务器。当两条规则应用于同一个用户时，后一条规则是默认的规则。

4）ftpconversions 配置文件

ftpconversions 配置文件用来设置用户在下载文件时应该执行哪些操作，如压缩、解压缩等。ftpconversions 配置文件的格式初看上去很复杂，不过读者不用担心，/examples 目录下有该文件的例子，只要原封不动地将其复制到/etc 目录下，就能满足我们的使用需要。

6.6 习题

一、选择题

1. 在使用浏览器访问西北工业大学的 Web 网站主页时，不可能使用的协议是（   ）。
   A．PPP   B．ARP
   C．UDP   D．SMTP

2. TCP 和 UDP 的一些端口保留给一些特定的应用使用，为 HTTP 保留的端口为（   ）。
   A．TCP 的 80 端口   B．TCP 的 25 端口
   C．UDP 的 80 端口   D．UDP 的 25 端口

3. WWW 上的每个页面都有一个唯一的地址，这些地址被统称为（   ）。
   A．IP 地址   B．域名地址
   C．URL   D．WWW 地址

4. 当需要 Web 服务器对 HTTP 报文进行响应，但不需要返回请求对象时，HTTP 请求报文应该使用的方法是（   ）。
   A．POST   B．HEAD
   C．GET   D．PUT

5. HTTP 是一个无状态协议，然而 Web 站点经常希望能够识别用户，这时需要用到（   ）。
   A．Web 缓存   B．Cookie
   C．条件 GET   D．持久连接

6. 当 FTP 客户端和服务器之间传递 FTP 命令时，使用的连接是（   ）。
   A．建立在 TCP 上的控制连接
   B．建立在 TCP 上的数据连接
   C．建立在 UDP 上的控制连接
   D．建立在 UDP 上的数据连接

7. 在下列关于 FTP 连接的叙述中，正确的是（   ）。
   A．控制连接先于数据连接被建立，并先于数据连接被释放
   B．控制连接先于数据连接被建立，并晚于数据连接被释放
   C．数据连接先于控制连接被建立，并先于控制连接被释放
   D．数据连接先于控制连接被建立，并晚于控制连接被释放

8. 在下列关于 FTP 的叙述中，错误的是（   ）。
   A．数据连接在每次传输数据完成后就关闭

    B. 控制连接在整个会话期间保持打开状态

    C. 服务器与客户端的 TCP 20 端口建立数据连接

    D. 客户端与服务器的 TCP 21 端口建立控制连接

9. 匿名 FTP 访问通常使用（　　　）作为用户名。

    A. guest   B. 电子邮件地址

    C. anonymous   D. 主机 ID

10. 当一台计算机从 FTP 服务器上下载文件时，在该 FTP 服务器上对数据进行封装的 5 个转换步骤是（　　　）。

    A. 比特、数据帧、数据报、数据段、数据

    B. 数据报、数据段、数据、比特、数据帧

    C. 数据段、数据报、数据帧、比特、数据

    D. 数据、数据段、数据报、数据帧、比特

二、填空题

1. Web 的核心包括 4 部分：_____、_____、_____和_____。

2. FTP 的最大特点是使用双端口的工作方式，通常开放 21 端口进行监听，客户机随机开放一个端口向服务器发起连接，这被称为_____。

3. 根据数据连接发起者不同，FTP 分为两种工作模式：_____和_____。

三、简答题

1. Apache 有什么优点？

2. 简述 FTP 的主要工作过程，并说明其为什么要使用两个独立的连接（控制连接和数据连接）。

四、实验题

在 Windows Server 2016 操作系统和 Linux 操作系统下完成配置 Web 服务器和 FTP 服务器的实验。

第 7 章

邮件服务

7.1　电子邮件服务的简介

电子邮件（简称 E-mail）又被称为电子信箱、电子邮政，是一种用电子手段提供信息交换的通信方式。电子邮件是全球多种网络上使用最普遍的一项服务。电子邮件的非交互式的通信，加速了信息的交流及数据传送，是一种简易、快速的通信方式。通过因特网，我们可以将邮件送到世界的各个角落。到目前为止，可以说电子邮件是因特网资源使用最多的一种服务之一。电子邮件不仅可以传递信件，还可以传递文件、声音、图形、图像等不同类型的信息。

电子邮件不是一种"终端到终端"的服务，而是被称为"存贮转发式"的服务。这是电子邮件系统的核心，它利用存储转发可以进行非实时通信，属异步通信方式。也就是说，发件人可以随时随地发送邮件，不要求收件人同时在场，仍可将邮件立刻送到并且存储在对方的电子邮箱中。收件人可以在方便的时间读取信件，而不受时空的限制。这里"发送"邮件意味着将邮件放到收件人的信箱中，而"接收"邮件则意味着从自己的信箱中读取信件。信箱实际上是由文件管理系统支持的一种实体。电子邮件是通过邮件服务器（Mail Server）来传递文件的。通常，邮件服务器运行在多任务操作系统 UNIX 的计算机上，提供 24h 的电子邮件服务。用户只需向邮件服务器管理人员申请一个邮箱账号，就可以使用电子邮件服务。

电子邮件系统可以分为两个独立的部分：邮件用户代理（Mail User Agent，MUA）和邮件传输代理（Mail Transfer Agent，MTA）。MUA 是用户用来书写和收发电子邮件的程序。常用的 MUA 程序有 Foxmail 和 Outlook Express。MTA 是系统中负责处理邮件收发工作的程序，负责处理 MUA 的请求，也负责把邮件从一个 MTA 转发到另一个 MTA 中。常见的 MTA 程序有 Linux 操作系统中的 Sendmail 和 Windows 操作系统中的 Exchange。

7.2　电子邮件的主要协议

7.2.1　SMTP

电子邮件的传输是通过简单邮件传输协议（Simple Mail Transfer Protocol，SMTP）来完成的。SMTP 的目标是为用户提供高效、可靠的邮件传输，用于把电子邮件从客户机传送到邮件服务器中，或者从一台邮件服务器传送到另一个邮件服务器中。

通常，SMTP 有两种工作模式：发送 SMTP 和接收 SMTP。SMTP 的具体工作方式如下。

发送 SMTP 在接到用户的邮件请求后，判断此邮件是否为本地邮件，若是，则直接投送到用户的邮箱中，否则向 DNS 服务器查询远端邮件服务器的 MX 纪录，并建立与远端接收 SMTP 之间的一个双向传送通道，此后 SMTP 命令由发送 SMTP 发出，由接收 SMTP 接收，而应答则反方向传送。一旦建立传送通道，SMTP 发送者发送 MAIL 命令指明邮件发送者。如果 SMTP 接收者可以接收邮件，则返回 OK 应答。SMTP 发送者再次发送 RCPT 命令确认邮件是否收到。如果 SMTP 接收者可以接收该邮件，则返回 OK 应答；如果 SMTP 接收者无法接收该邮件，则返回拒绝接收应答（但不会中止整个邮件操作），双方将如此重复多次。当 SMTP 接收者收到全部邮件后会收到特别的序列，如果 SMTP 接收者成功处理了邮件，则返回 OK 应答。

7.2.2　POP3

邮局协议第 3 版（Post Office Protocol-version 3，POP3）是关于接收邮件的客户机/服务器协议。POP3 的工作方式是客户机先连接到邮件服务器的 110 端口上，再经过该协议的 3 种工作状态。首先是认证状态，确认客户机提供的用户名和密码，认证通过后便转入处理状态。在处理状态下，用户可收取自己的邮件或删除邮件，完成响应的操作后客户机发出 quit 命令，此后便进入更新状态。在更新状态下，将做删除标记的邮件从服务器端删除。到此为止，整个 POP 过程完成，客户机可以离线阅读邮件。

7.2.3　IMAP

IMAP 是 Internet Message Access Protocol 的缩写，主要是通过因特网获取信息的一种协议。IMAP 与 POP 相似，都提供了方便的邮件下载服务，让用户可以离线阅读，但 IMAP 能完成的却远远不只这些。IMAP 提供的摘要浏览功能可以让用户在阅读完所有的邮件到达时间、主题、发件人、邮件大小等信息后才做出是否下载的决定。IMAP 与 POP3 相比，具有更高的传输效率。IMAP 的监听端口为 143 端口。

7.3　在 Windows Server 2016 操作系统下配置邮件服务器

要搭建邮件服务器，需要在邮件服务器上配置 SMTP 服务和 POP3 服务。SMTP 服务负责发邮件，而 POP3 服务则负责接收邮件。在 Windows Server 2016 操作系统中，已不再提供 POP3 服务组件，需要使用该系统自带的 SMTP 服务配合一个第三方的 POP3 服务来搭建邮件服务器。

7.3.1　SMTP 服务器的安装

安装 SMTP 服务器的步骤与第 6 章中安装 FTP 服务器的类似，需要从"服务器管理器"窗口中安装，具体步骤如下。

步骤 1：打开"服务器管理器"窗口（见图 7-3-1），单击"添加角色和功能"按钮，打开"添加角色和功能向导"窗口。

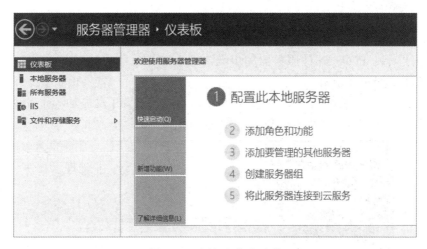

图 7-3-1 添加角色和功能

步骤 2：在"开始之前"界面中，单击"下一步"按钮。

步骤 3：进入"选择安装类型"界面，选中"基于角色或基于功能的安装"单选按钮，单击"下一步"按钮。

步骤 4：进入"选择目标服务器"界面，选中"从服务器池中选择服务器"单选按钮，单击"下一步"按钮。"选择目标服务器"界面会列出已在服务器管理器中使用"添加服务器"命令添加的服务器。在默认情况下，本地服务器处于选中状态。

步骤 5：进入"选择服务器角色"界面，单击"下一步"按钮。

步骤 6：进入"选择功能"界面，勾选"SMTP 服务器"复选框，如图 7-3-2 所示。如果出现提示，则单击"添加功能"按钮，单击"下一步"按钮。

步骤 7：进入"确认"界面，勾选"如果需要，自动重新启动目标服务器"复选框，单击"安装"按钮。安装完成后，单击"关闭"按钮。

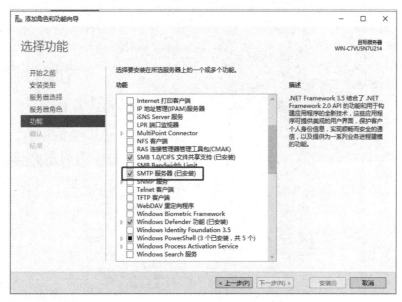

7-3-2 勾选"SMTP 服务器"复选框

7.3.2 POP3 服务器的安装

下面介绍安装 POP3 邮件服务器的步骤，这里选择免费的第三方 POP3 服务器——Visendo SMTP Extender Plus。

下载完该软件后，会得到一个无后缀名的文件，我们需要手动添加.msi 后缀名。双击该文件，安装 Visendo SMTP Extender Plus，如图 7-3-3 所示。

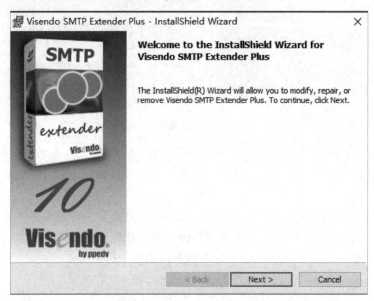

图 7-3-3 安装 Visendo SMTP Extender Plus

单击"Next"按钮，直至安装完成。（注意：安装之后打开软件可能会出现指定服务未安装错误，单击"Update"按钮进行更新即可，如图 7-3-4 所示。）

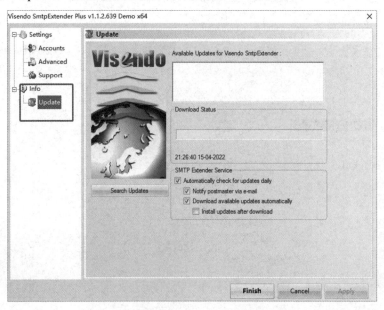

图 7-3-4 更新 Visendo SMTP Extender Plus

7.3.3　SMTP 服务器的基本配置

　　STMP 服务器安装完成后，在 Windows 操作系统的"管理工具"窗口中会列出 IIS 6.0 管理器。在"开始"菜单中找到 IIS 6.0 版本并将其打开。打开后，右击"SMTP Virtual Server"选项，在弹出的快捷菜单中选择"启动"选项，先启动 SMTP Virtual Server（见图 7-3-5），再添加一个新的域。

图 7-3-5　启动 SMTP Virtual Server

　　展开"SMTP Virtual Server"选项，右击"域"选项，在弹出的快捷菜单中选择"新建"→"域"选项，打开"新建 SMTP 域向导"窗口；选中"别名"单选按钮，单击"下一步"按钮，添加一个新的域名，该域名会作为后续邮箱后缀使用。在"名称"文本框中输入 chenwu.com.cn，如图 7-3-6 所示。

图 7-3-6　添加域名

打开 Visendo SMTP Extender Plus，创建一个邮箱账号，将 "E-Mail address" 设置为自定义域名，这里为 mail@chenwu.com.cn，如图 7-3-7 所示。

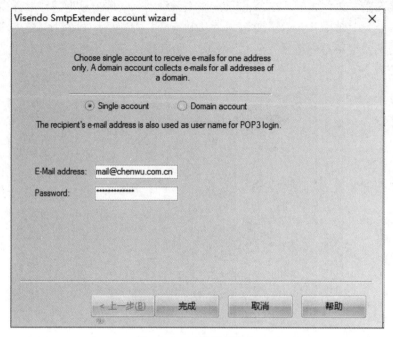

图 7-3-7　创建邮箱账号

配置 POP3 服务器的 IP 地址、端口号及电子邮件的 drop folder，如图 7-3-8 所示。单击 "Start" 按钮，启动 POP3 服务器，如图 7-3-9 所示。

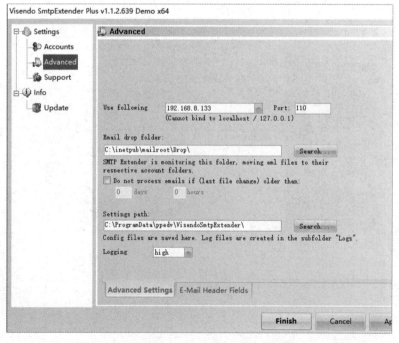

图 7-3-8　设置 POP3 服务的 IP 地址、端口号及电子邮件的 drop folder

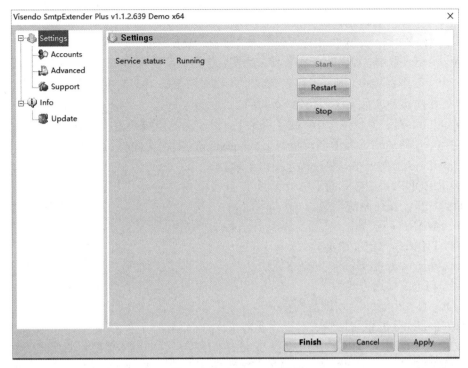

图 7-3-9　启动 POP3 服务

7.4　在 Linux 操作系统下配置邮件服务器

　　工作在 Linux 操作系统中的邮件服务器有很多种，较为著名的是 Sendmail。Sendmail 是一个非常流行的邮件服务器软件，功能强大、配置灵活及与因特网良好的兼容性，成为大多数 UNIX 操作系统和 Linux 操作系统的标准配置。

　　读者可以从 Sendmail 官网下载最新的 Sendmail 源码进行编译安装。Sendmail 的安全漏洞较多，如果读者使用 Sendmail 作为邮件服务器，建议尽量安装最新版本的 Sendmail，并经常升级。

　　Sendmail 是一个系统级服务，与 Apache 服务一样，可以在 ntsysv 窗口中设置启动方式。Sendmail 的设置方法与 Apache、BIND、DHCP 的相似，读者可以参考前面几章的相关内容。

　　也许在 Linux 应用服务器中，Sendmail 是最难配置的，这是因为其配置文件非常复杂，规则与一般的规则不同，很难让人看懂。有人开玩笑说："如果你没有配置过 Sendmail，那么你不是一个合格的系统管理员，但是如果你配置了两次 Sendmail，那么你一定是疯了"。由此可见，Sendmail 的配置的确是挺难的。

　　Sendmail 的配置文件包括以下几个。

- sendmail.cf：Sendmail 的主配置文件。
- access：中继访问控制文件。
- domaintable：域名映射文件。
- local-host-names：本地主机名文件。
- mailertable：给特定的域指定特殊的路由规则的文件。

- virtuesrtable：虚拟域配置文件。

其中，sendmail.cf 是 Sendmail 的主配置文件，没有该文件，Sendmail 将无法运行，但该文件一向以冗长、费解、难以配置而著称。一般不建议用户直接对该文件进行配置。Sendmail 提供了一个宏处理器 m4。用户可以先编辑一个相对简单的 m4 配置文件——sendmail.mc，再用 m4 宏处理器将这个文件转换为 Sendmail 的配置文件。

sendmail.mc 配置文件位于/etc/mail 目录下，对于满足一般要求的服务器配置，用户只需对这个文件稍加修改。下面详细讲解一下 sendmail.mc 配置文件。

sendmail.mc 配置文件中的设置包括以下项目。
- VERSIONID：版本信息。
- OSTYPE：操作系统类型。
- DOMAIN：域设置。
- FEATURE：预定义选项。
- local macro definitions：定义本地宏。
- MAILER：邮递方式。
- LOCAL_* rulesets：本地规则集。

在 sendmail.mc 配置文件中，对上述各项依次进行配置。
- VERSIONID：一个宏，用于设置 Sendmail 配置文件的版本信息，对用户的配置文件能够起到标识作用。如果用户设置了多个配置文件，则可以以此来区分。VERSIONID 是一个可选的设置，可以省略。
- OSTYPE：用于设置服务器的操作系统类型，这是必须设置的，因此许多重要的设置都依赖于操作系统类型。对于 Linux 操作系统，可以把 OSTYPE 设置为 linux。
- DOMAIN：如果用户要在一个网络上配置多个 Sendmail 服务器，则可以在所有的 Sendmail 服务器中均设置相同的内容，并统一保存在一个宏文件中。例如，网络中所有的 Sendmail 服务器均使用相同的中继主机，则可以将这个中继主机的名称保存到一个单独的宏文件中，由 DOMAIN 说明该宏文件的名称。例如，DOMAIN ('chenwu.org')，说明该宏文件的名称为 chenwu.org。
- FEATURE：在 Sendmail 中，有大量的预定义的 FEATURE 选项，如果用户要对服务器进行相关设置，则直接引用 FEATURE。这种方式使得 Sendmail 的配置简化了很多。引用 FEATURE 的格式如下。

```
FEATURE('Feature 名称', '参数')
```

Sendmail 中的选项有很多，下面仅介绍几种最常用的选项。

1）relay-domains 选项

Sendmail 的配置文件在 Linux 操作系统中一般均放在/ect 目录下，其中在/etc/mail 目录下可以放置一个名为 relay-domains 的文件。在 relay-domains 文件中可以使用若干个 IP 地址来限制可以转发的 IP 地址，这个选项对于局域网中的邮件服务器比较有用。在 relay-domains 文件中添加一行 210.32.，即可限制只有 IP 地址为 210.32.x.x 的主机才能通过这台邮件服务器发送邮件。如果需要限制网段，则将这些网段加入 relay-domains 文件。

如果不需要对 IP 地址进行限制，则不必在 relay-domains 文件中添加 IP 地址，在 sendmail.mc 配置文件中添加 Feature ('promiscuous_relay')，就可以不用配置 relay-domains 文件了。

2）accept_unresolvable_domains 选项

如果在 sendmail.mc 配置文件中添加一行 Feature ('accept_unresolvable_domains')，就可以传递不能从你的邮件服务器所在主机解析的邮件。Faeture('accept_unresolvable_domains')特性用于处理邮件服务器处于防火墙内部的情况，缺少该特性将导致部分电子邮件不能送达。在使用该特性后，Sendmail 就不会直接试图解析那些从你邮件服务器所在主机解析的邮件地址，而是把邮件转发到上一级邮件服务器中，让该服务器进行转发，这样可以绕过防火墙的屏蔽。

3）accept_unqualified_senders 选项

在 sendmail.mc 配置文件中加入 Feature('accept_unqualified_senders')特性，可以使没有正确填写发送者地址的邮件发送者（如在用户邮件地址中填入‘aaa’之类地址）能发送邮件。

一般情况下，Feature('accept_unqualified_senders')特性是不开放使用的，因为这样可以不让没有本地电子邮件地址的用户发送邮件，但这种设置并不灵活，如果用户一不小心没有正确设置，就会导致不能发送邮件，从而造成不必要的损失。

4）access_db 选项

access_db 选项有两种特性，分别是 Feature('access_db','hash/etc/mail/access')和 Feature('access_db','dbm/etc/mail/access')。两者之间只在访问的数据库类型上有所不同，前者是哈希表，而后者是传统的数据库类型。使用哪种参数不重要，关键在于系统上安装了哪种数据库。这样，当 Sendmail 启动后，就会去读取名为/etc/mail/access.db 的数据库。这个数据库中存放着邮件接收、发送、转发、拒绝和忽略等信息。

access_db 选项通过在数据库中设置允许和拒绝来自特定域的邮件来实现垃圾邮件过滤。

5）blacklist_recipients 选项

blacklist_recipients 选项是一个黑名单用户列表，意味着一些服务器上的用户已经不适合接收邮件了，该选项将全面封锁指定用户或用户群。blacklist_recipients 选项可以对被病毒感染的用户进行有效的隔离。

- local macro definitions：在 Sendmail 的配置文件（senmail.mc）中。许多宏都有大量的参数变量需要设置，对宏的参数变量设置的命令格式如下。

```
define('变量名', '变量值')
```

- MAILER：Sendmail 根据 MAILER 定义才能知道如何处理不同类型的邮件。MAILER 有如下几种设置。
  - local：本地邮件投递，这是默认的设置。
  - smtp：因特网投递。
  - procmail：提供 procmail 接口。

设置完成后，需要编译 sendmail.mc 配置文件以产生需要的 sendmail.cf 配置文件：＃m4 /etc/sendmail.mc > /etc/mail/sendmail.cf。

生成 sendmail.cf 配置文件后，编辑该文件。在 sendmail.cf 配置文件中查找 DS，并在其后面加入邮件服务器名、域名，这样可以保证当发件人以 username@mail.chenwu.com 或 username@chenwu.com 发送邮件时，收件人都可以收到，举例如下。

```
# Alias for this host
Cw mail.chenwu.com chenwu.com
```

这样，就可以启动 Sendmail 了。

下面是一个真实的 sendmail.cf 配置文件,读者可以通过阅读该配置文件来了解 sendmail.cf

的配置。

```
divert(-1)
dnl This is the macro config file used to generate the /etc/sendmail.cf
dnl file. If you modify thei file you will have to regenerate the
dnl /etc/sendmail.cf by running this macro config through the m4
dnl preprocessor:
dnl m4 /etc/sendmail.mc > /etc/sendmail.cf
dnl You will need to have the Sendmail-cf package installed for this to work.
include('/usr/lib/Sendmail-cf/m4/cf.m4')
define('confDEF_USER_ID',''8:12'')
OSTYPE('Linux')
undefine('UUCP_RELAY')
undefine('BITNET_RELAY')
define('confAUTO_REBUILD')
define('confTO_CONNECT', '1m')
define('confTRY_NULL_MX_LIST',true)
define('confDONT_PROBE_INTERFACES',true)
define('PROCMAIL_MAILER_PATH','/usr/bin/procmail')
FEATURE('smrsh','/usr/sbin/smrsh')
FEATURE('mailertable','hash -o /etc/mail/mailertable')
FEATURE('virtusertable','hash -o /etc/mail/virtusertable')
FEATURE(redirect)
FEATURE(always_add_domain)
FEATURE(use_cw_file)
FEATURE(local_procmail)
MAILER(smtp)
MAILER(procmail)
FEATURE('access_db')
FEATURE('blacklist_recipients')
dnl We strongly recommend to comment this one out if you want to protect
dnl yourself from spam. However, the laptop and users on computers that do
dnl not hav 24x7 DNS do need this.
FEATURE('accept_unresolvable_domains')
dnl FEATURE('relay_based_on_MX')
```

7.5 习题

一、选择题

1. 因特网用户的电子邮件地址格式必须是（　　　）。

   A. 用户名@单位网络名

   B. 单位网络名@用户名

   C. 邮箱所在主机的域名@用户名

   D. 用户名@邮箱所在主机的域名

2. SMTP 基于传输层的（　　　）协议，POP3 基于传输层的（　　　）协议。

   A. TCP、TCP   B. TCP、UDP

  C．UDP、UDP   D．UDP、TCP

3．不能用于用户从邮件服务器接收电子邮件的协议是（　　）。

  A．POP3   B．SMTP

  C．IMAP   D．HTTP

4．当用户代理只能发送而不能接收电子邮件时，可能是（　　）地址错误。

  A．POP3   B．SMTP

  C．HTTP   D．Mail

5．在下列关于电子邮件格式的说法中，错误的是（　　）。

  A．电子邮件内容包括邮件头与邮件体两部分

  B．邮件体是实际要传送的信函内容

  C．MIME 允许电子邮件系统传输文字、图像、语音与视频等信息

  D．邮件头中发信人地址（From:）、发送时间、收信人地址（To:）及邮件主题（Subject:）是由系统自动生成的

6．在下列关于 POP3 的说法中，错误的是（　　）。

  A．由客户端而非服务器选择接收邮件后是否将邮件保存在服务器上

  B．登录服务器后，发送的密码是加密的

  C．协议是基于 ASCII 码的，不能发送二进制数据

  D．一个账号在服务器上只能有一个邮件接收目录

7．不需要转换即可由 SMTP 直接传输的内容是（　　）。

  A．JPEG 图像   B．MPEG 视频

  C．EXE 文件   D．ASCII 文本

8．在通过 POP3 接收邮件时，使用的传输层服务类型是（　　）。

  A．无连接不可靠的数据传输服务

  B．无连接可靠的数据传输服务

  C．有连接不可靠的数据传输服务

  D．有连接可靠的数据传输服务

9．在下列关于 SMTP 的叙述中，不正确的是（　　）。

  A．只支持传输 7bit ASCII 码内容

  B．支持在邮件服务器之间发送邮件

  C．支持从邮件服务器向用户代理发送邮件

  D．支持从用户代理向邮件服务器发送邮件

10．当使用 Firefox 在 Gmail 中向邮件服务器发送邮件时，使用的是（　　）。

  A．HTTP   B．POP3

  C．P2P   D．SMTP

二、填空题

1．电子邮件系统可以分为两个独立的部分：_____和_____。

2．SMTP 通常有两种工作模式：_____和_____。

3．_____是关于接收邮件的客户机/服务器协议。

三、简答题

列举电子邮件的主要协议并分析其工作原理及作用。

四、实验题

在 Windows Server 2016 操作系统和 Linux 操作系统下完成配置电子邮件服务器的实验。

第 8 章

远程访问服务

8.1　远程访问服务的简介

大部分读者对远程访问服务（Remote Access Service，RAS）可能比较陌生，但该服务却可能是读者接触最早的因特网服务。如果读者通过拨号上网，将电话线拨号到 163 或 168 等 ISP，就是远程访问服务。

远程访问是能够通过透明方式，将位于工作场所以外或远程位置上的特定计算机连接到网络中的一系列相关技术。通常情况下，组织机构通过远程访问方式在员工的笔记本电脑或家用计算机与组织机构内部网络之间建立连接，以便允许其阅读电子邮件或访问共享文件；ISP 则通过远程访问方式将客户连接到因特网上。

用户运行远程访问客户端软件并面向特定远程访问服务器发起连接，远程访问服务器对用户身份进行验证后为用户会话提供服务，直到相应会话被用户或网络管理员中断。依靠远程访问连接方式，将支持局域网用户享受的所有常用服务，包括文件与打印共享、Web 服务器访问、消息通信等。

远程访问客户端使用标准工具访问各种资源。举例来说，在运行 Windows 2000 操作系统的计算机上，远程访问客户端可以使用 Windows 资源管理器来建立驱动器连接并连接打印机。这种连接将被长期保留，用户在远程访问会话期间不需要与相应网络资源重新建立连接。由于远程访问技术全面支持驱动器盘符和统一命名规范（UNC）名称，因此大多数商业应用程序和用户自己开发的应用程序不需要任何修改即可正常工作。

远程访问服务有以下两种不同类型的工作方式。

- 拨号远程访问方式：通过该方式，远程访问客户端可以利用电信基础设施（通常情况下为模拟电话线路）来创建通向远程访问服务器的临时物理电路或虚拟电路。一旦这种物理电路或虚拟电路被创建，其余连接参数将通过协商的方式加以确定。
- 虚拟专用网络（VPN）远程访问方式：通过该方式，VPN 客户端可以使用 IP 网络与充当 VPN 服务器的远程访问服务器建立虚拟点对点连接。一旦这种虚拟点对点连接被创建，其余连接参数将通过协商的方式加以确定。

8.2　在 Windows Server 2016 操作系统下实现远程访问服务

8.2.1　远程访问服务的拨号服务器端的配置

配置远程访问服务的拨号服务器端需要 3 个步骤：首先配置服务器并启动远程访问服

务，然后配置设备端口，最后配置用户的拨入权限。

首先，配置服务器并启动远程访问服务。

步骤1：在"服务器管理器"窗口中，选择"工具"→"路由和远程访问"选项，打开"路由和远程访问"窗口。右击服务器，在弹出的快捷菜单中选择"配置并启用路由和远程访问"选项，如图8-2-1所示。

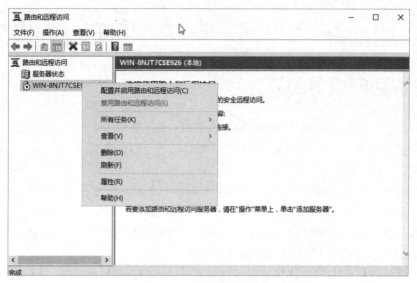

图 8-2-1　选择"配置并启用路由和远程访问"选项

步骤2：打开"路由和远程访问服务器安装向导"窗口，单击"下一步"按钮，进入"配置"界面（见图8-2-2），选中"远程访问"单选按钮，单击"下一步"按钮。

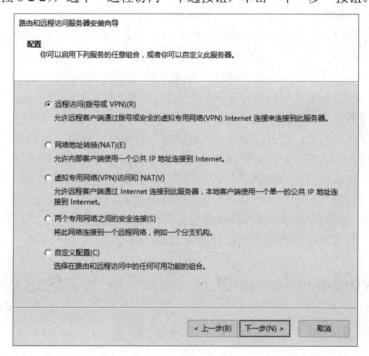

图 8-2-2　"配置"界面

步骤 3：进入"远程访问"界面（见图 8-2-3），勾选"拨号"复选框，单击"下一步"按钮。

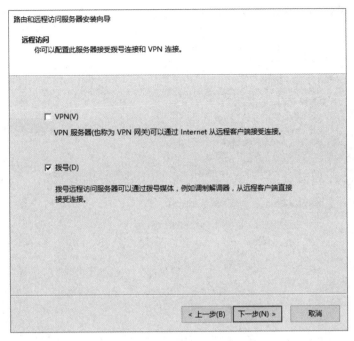

图 8-2-3　"远程访问"界面

步骤 4：进入"IP 地址分配"界面（见图 8-2-4），若为远程用户分配动态的 IP 地址，则选中"自动"单选按钮；若为远程用户分配指定的 IP 地址，则选中"来自一个指定的地址范围"单选按钮，这里选中"自动"单选按钮，单击"下一步"按钮。

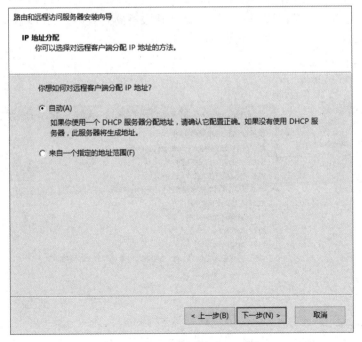

图 8-2-4　"IP 地址分配"界面

步骤 5：进入"管理多个远程访问服务器"界面（见图 8-2-5），RADIUS 远程身份验证可以为多个远程访问服务器提供集中认证，本次不需要配置该项，所以选中"否，使用路由和远程访问来对连接请求进行身份验证"单选按钮，单击"下一步"按钮，单击"完成"按钮。

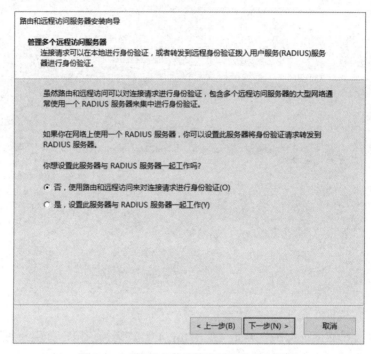

图 8-2-5 "管理多个远程访问服务器"界面

然后，配置设备（远程访问服务）端口。

步骤 1：打开"路由和远程访问"窗口，展开服务器列表，右击"端口"选项，在弹出的快捷菜单中选择"属性"选项，如图 8-2-6 所示。

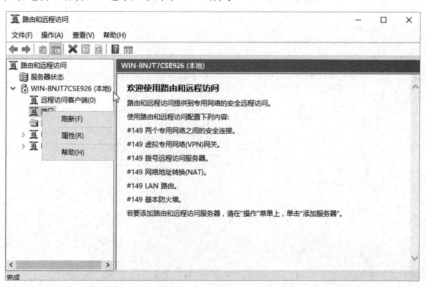

图 8-2-6 选择"属性"选项

步骤 2：弹出"端口 属性"对话框（见图 8-2-7），选中要配置的端口，单击"配置"按钮。

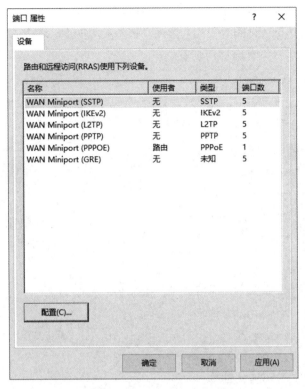

图 8-2-7 "端口 属性"对话框

步骤 3：弹出"配置设备"对话框（见图 8-2-8），勾选"远程访问连接"复选框，在"此设备的电话号码"文本框中输入设备所使用的电话号码，单击"确定"按钮，完成配置设备端口。

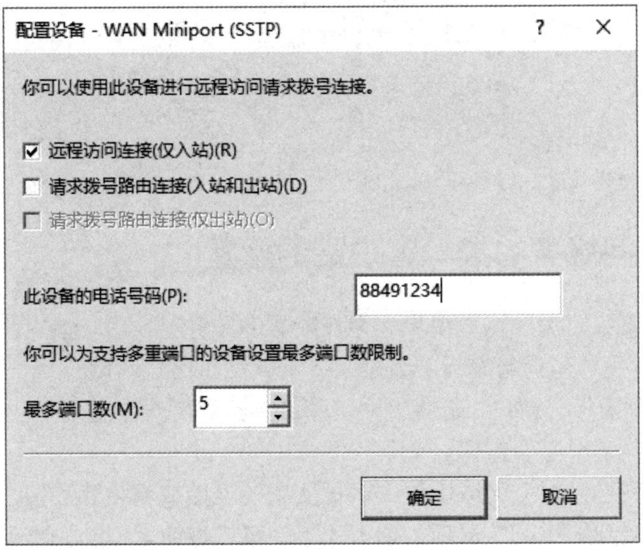

图 8-2-8 "配置设备"对话框

最后，配置用户的拨入权限。

在"服务器管理器"窗口中，选择"工具"→"计算机管理"选项，在进入的界面中选择"本地用户和组"选项，找到要进行远程访问的用户，如"Administrator"；双击该用户，弹出该用户的属性对话框（见图 8-2-9），选择"拨入"选项卡；选中"允许访问"单选按钮，单击"确定"按钮，完成配置用户的拨入权限。

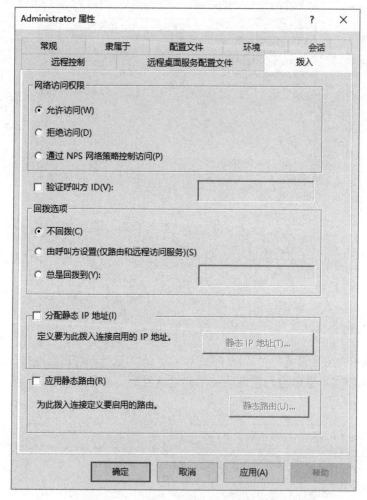

图 8-2-9 "Administrator 属性"对话框

8.2.2 远程访问服务的拨号客户端的配置

配置远程访问服务的拨号客户端步骤为在配置完服务器端后，为客户端创建拨号连接。下面以 Windows 10 拨号客户端为例，通过以下步骤创建拨号连接。

（1）打开"控制面板"窗口，选择"网络和 Internet"选项，选择"网络和共享中心"选项，打开"网络和共享中心"窗口。

（2）在"更改网络设置"区域中单击"设置新的连接或网络"按钮。

（3）选择"连接到工作区"选项，单击"下一页"按钮。

（4）选择"直接拨号"选项，选择"设置连接"选项。

（5）输入所需拨打的调制解调器的电话号码和拨号连接名称。如果希望所有登录到这台计算机上的用户均可使用这个拨号连接，则勾选"允许其他人使用此连接"复选框。

（6）单击"下一步"按钮，输入本台计算机的用户名与密码，单击"创建"按钮。

（7）在"连接"窗口中，输入创建时填写的用户名与密码。如果希望保存口令，避免每次尝试连接时重新输入口令，则勾选"为下面用户保存用户名和密码"复选框，单击"拨号"按钮。

完成上述操作，即可通过此拨号接入服务器。

基于 VPN 的远程访问服务的配置，与拨号连接的非常类似，请读者自行完成配置。

8.3　在 Linux 操作系统下实现远程访问服务

在 Linux 操作系统下实现远程访问服务的软件包被称为 mgetty。配置远程访问服务的拨号服务器端可以使用 mgetty，也可以使用 Linux 操作系统自带的 getty。mgetty 的功能比 getty 的功能强大，除了支持一般的数据服务，还支持传真服务。

在安装 mgetty 前，必须保证 Linux 操作系统中正确安装并配置了调制解调器。读者可以使用 minicom 来测试调制解调器是否已经正确安装。如果调制解调器安装正确，则可以安装和配置 mgetty。

Red Hat Linux 系统盘中包含 4 个 mgetty 的软件包，其中最重要的是 mgetty-1.1.14-8.i386.rpm，并且是必须安装的，其他 3 个可以选择安装。这 4 个软件包的安装方法与 DHCP 服务器、DNS 服务器的安装方法类似。

在安装完这 4 个软件包后，打开/etc/inittab 文件，可以看到以下内容。

```
# Run gettys in standard runlevels
1:2345:respawn:/sbin/mingetty tty1
2:2345:respawn:/sbin/mingetty tty2
3:2345:respawn:/sbin/mingetty tty3
4:2345:respawn:/sbin/mingetty tty4
5:2345:respawn:/sbin/mingetty tty5
6:2345:respawn:/sbin/mingetty tty6
```

在这几行内容后添加一行 7:2345:respawn:/sbin/mgetty ttyS0，意思是让 mgetty 在 ttyS0 串口上监听（注意：ttyS0 串口对应 COM1 串口，ttyS1 串口对应 COM2 串口），请根据主机调制解调器的安装情况配置并等待连接，如果有连接请求，mgetty 就向用户提示需要输入用户名和密码。

重启系统，使所做的修改生效，Linux 操作系统的远程访问服务的拨号器端就配置成功了。

8.4　习题

一、选择题

1. 远程访问服务英文简称为（　　）。

　　A．Telnet　　　　　　　　　　　B．RAS

　　C．Route　　　　　　　　　　　D．HTTP

2. 关于远程登录，以下说法不正确的是（　　　）。

    A. 远程登录定义的网络虚拟终端提供了一种标准的键盘定义，可以用来屏蔽不同计算机系统对键盘输入的差异

    B. 远程登录利用传输层的 TCP 协议进行数据传输

    C. 利用远程登录提供的服务，用户可以使自己的计算机暂时成为一个远程计算机的仿真终端

    D. 为了执行远程登录服务器上的应用程序，远程登录的客户端和服务器端要使用相同类型的操作系统

3. 如果一个局域网与在远处的另一个局域网互联，则需要用到（　　　）。

    A. 物理通信介质和集线器　　　　　　　　B. 网间连接器和集线器

    C. 路由器和广域网技术　　　　　　　　　D. 广域网技术

4. 要控制网络上的广播风暴，可以采用的办法是（　　　）。

    A. 用网桥将网络分段

    B. 用路由器将网络分段

    C. 将网络转换为 10Base-T 网络

    D. 用网络分析仪跟踪正在发送广播信息的计算机

5. 在下列网络设备中，传输延迟时间最长的是（　　　）。

    A. 路由器　　　　　　　　　　　　　　　B. 局域网交换机

    C. 网桥　　　　　　　　　　　　　　　　D. 集线器

二、填空题

1. _____是能够通过透明方式，将位于工作场所之外或远程位置上的特定计算机连接到网络中的一系列相关技术。

2. 远程访问服务有两种不同类型的工作方式：_____和_____。

三、简答题

简述远程访问服务的用途及工作方式。

四、实验题

在 Windows Server 2016 操作系统和 Linux 操作系统下实现远程访问服务。

第 9 章

路由服务

9.1 路由服务的简介

通过第 3 章的介绍，我们已经知道因特网是世界上最大的广域网。因特网是由无数个局域网组合而成的，将各局域网连接起来的设备被称为路由器。公网上通常使用专用路由器，如 CISCO 路由器。如果现在有几个局域网需要连接起来，但觉得购买专用路由器的费用会太高，那么可以在一台 Windows Server 或 Linux 主机上安装两块以上的网卡，并启用路由服务，即可将一台普通的主机作为一台路由器使用。

9.2 在 Windows Server 2016 操作系统下实现路由服务

在 Windows Server 2016 操作系统下实现路由服务的配置过程如下。

步骤 1：打开"路由和远程访问"窗口（见图 9-2-1），右击服务器，在弹出的快捷菜单中选择"配置并启用路由和远程访问"选项。

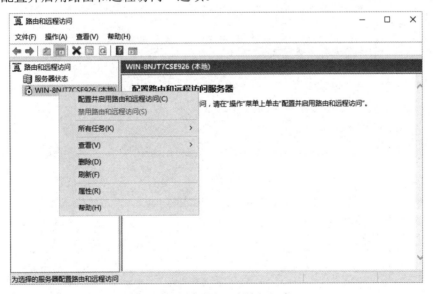

图 9-2-1 "路由和远程访问"窗口

步骤 2：打开"路由和远程访问服务器安装向导"窗口（见图 9-2-2），选中"自定义配置"单选按钮，单击"下一步"按钮。

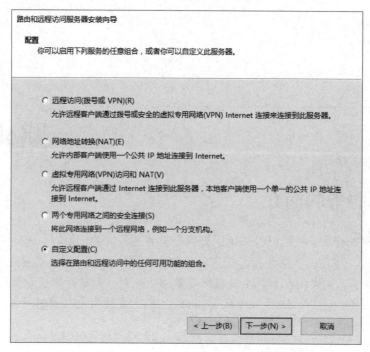

图 9-2-2 "路由和远程访问服务器安装向导"窗口

步骤 3：进入"自定义配置"界面（见图 9-2-3），选择要配置的服务，勾选"LAN 路由"复选框，单击"下一步"按钮。

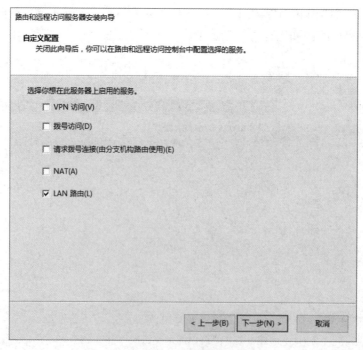

图 9-2-3 "自定义配置"界面

步骤 4：单击"完成"按钮，启用路由服务。

配置完成后，回到"路由和远程访问"窗口，右击服务器，在弹出的快捷菜单中选择"属性"选项，弹出路由器属性对话框（见图 9-2-4），表示路由器配置成功。

图 9-2-4 路由器属性对话框

在第 3 章中已经介绍了路由包括静态路由和动态路由两大类。现在讲解如何在 Windows Server 2016 操作系统下配置静态路由和动态路由。

如果要配置静态路由，则打开"路由和远程访问"窗口，展开服务器列表（见图 9-2-5），选择"IPv4"选项。

图 9-2-5 展开服务器列表

　　右击"静态路由"选项，在弹出的快捷菜单中选择"新建静态路由"选项，弹出"IPv4静态路由"对话框（见图9-2-6），在各文本框中输入对应的路由信息，即可配置静态路由。

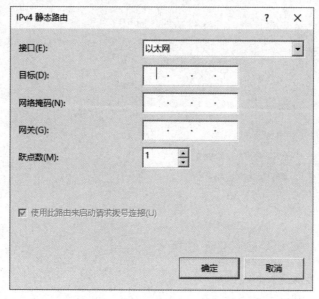

图9-2-6　"IPv4静态路由"对话框

　　如果要配置动态路由，则打开"路由和远程访问"窗口，展开服务器列表，选择"IPv4"选项，右击"常规"选项（见图9-2-7），在弹出的快捷菜单中选择"新增路由协议"选项。

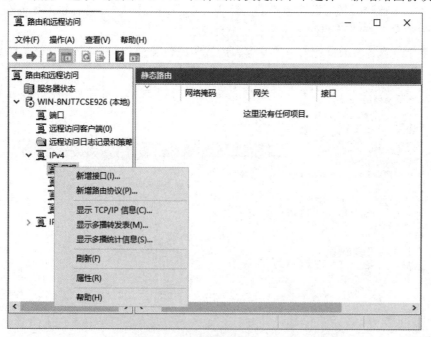

图9-2-7　右击"常规"选项

　　选择"新增路由协议"选项后，弹出如图9-2-8所示的对话框。选择"RIP Version 2 for Internet Protocol"选项，单击"确定"按钮，即可启用动态路由协议RIP2。

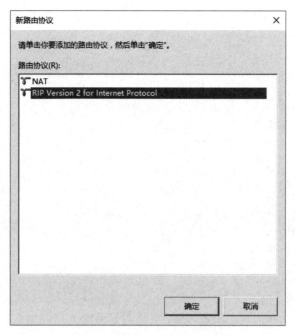

图 9-2-8 "新路由协议"对话框

9.3 在 Linux 操作系统下实现路由服务

9.3.1 Linux 操作系统静态路由的配置

route 是 Linux 操作系统中较为常用的指定路由规则的命令，主要功能是管理 Linux 操作系统内核中的路由表。route 较大的用途就是设定静态的路由表项。通常，先在系统中用 ifconfig 命令配置网络接口（如网卡等）后，再用 route 命令设定主机或一网段的 IP 地址应该通过什么接口发送。例如，在命令提示符窗口中输入如下命令，即可添加一条静态路由表项。

```
route add -net 192.56.76.0 netmask 255.255.255.0 dev eth0
```

上述命令表明应该从 eth0 接口转发到网段 192.56.76.x 上。

如果不想每次系统启动后手动添加静态路由表，则可以在/etc/rc.local 目录下添加一个启动脚本，将上述命令写入该脚本，这样系统每次启动就会自动加载设置好的静态路由表。

9.3.2 Linux 操作系统动态路由的配置

在 Linux 操作系统下实现动态路由的软件包被称为 gated。gated 支持 RIP、OSPF、IS-IS 等路由协议。这里着重介绍 RIP 的配置方法，对于其他协议的配置，读者可以参考相关帮助文档做类似的配置。

首先，修改/etc/sysconfig 目录下的 network 文件，使得 FORWARD_IPV4=yes；然后，在/etc/目录下创建文件名为 gated.conf 的文件，需要在此文件中填写配置信息。配置 RIP 的语法如下。

```
rip yes | no | on | off [ {
```

```
broadcast ;
nobroadcast ;
nocheckzero ;
preference preference;
defaultmetric metric ;
query authentication [none | [[simple|md5] password]] ;
interface interface_list
[noripin] | [ripin]
[noripout] | [ripout]
[metricin metric]
[metricout metric]
[version 1]|[version 2 [multicast|broadcast]]
[secondary] authentication [none | [[simple|md5] password]] ;
trustedgateways gateway_list ;
sourcegateways gateway_list ;
traceoptions trace_options ;
} ] ;
```

上面的配法可以启动或禁止 RIP 的运行，并对 RIP 的某些参数进行设置，各项参数的含义如下。

- broadcast：广播 RIP 分组。当广播静态路由或由其他协议产生的 RIP 路由项时，这个参数很有用。
- nobroadcast：当前的接口不广播 RIP 分组。
- nocheckzero：RIP 不处理 RIP 分组中的保留域。通常，RIP 将拒绝保留域为非零的分组。
- preference preference：设置 RIP 路由的 preference，默认值是 100，这个值可以被其他给定的策略重写。
- defaultmetric metric：定义当使用 RIP 广告由其他路由协议获得的路由信息时使用的尺度（Metric），默认值为 16（不可达）。RIP 允许一条路径最多包含 15 个路由器，当"距离"的最大值为 16 时（路由选择的最大距离）相当于不可达（不能继续进行路由选择）。
- query authentication [none | [[simple|md5] password]]：设定身份认证密码，默认不需要认证。
- interface interface_list：针对某特定接口进行参数设定，各项参数的含义如下。
  - noripin：指定该接口接收的 RIP 分组无效。
  - ripin：默认参数，与 noripin 相反。
  - noripout：被指定的接口上将无 RIP 分组发出，默认值是在所有的广播和非广播的接口中发送 RIP 分组。
  - ripout：默认值，与 noripout 的含义相反。
  - metricin metric：指定在新添加的路由表项中，加入内核路由表以前增加的尺度，默认值为 1。
  - metricout metric：指定通过特定接口发出的 RIP 前，对尺度的增加值，默认值为 0。
  - version 1：默认值，指定发送第 1 版本的 RIP 分组。
  - version 2：在指定的接口商中发送第 2 版本的 RIP 分组。如果 IP 组播可以使用，则默认发送完全符合第 2 版本的分组；如果特定接口不支持组播，则使用与第 1 版本兼容的第 2 版本的 RIP 分组。

- ➢ multicast：在特定接口的第 2 版本的 RIP 分组上使用组播发送。
- ➢ broadcast：在特定接口上使用广播发送与第 1 版本兼容的第 2 版本的 RIP 分组，即使该接口支持组播。

- [secondary] authentication [none | [[simple|md5] password]]：定义身份认证的方式，只对第 2 版本的 RIP 有用，默认是无身份认证。
- trustedgateways gateway_list：定义 RIP 接收 RIP 更新分组的网关。gateway_list 是一个简单的主机名或 IP 地址的列表。在默认情况下，共享网络上的所有的路由器都被认为为支持提供 RIP 更新信息。
- sourcegateways gateway_list：定义 RIP 直接发送分组的路由器列表，而不通过组播或广播方式。

traceoptions trace_options：设置 RIP 跟踪选项。

根据上述参数的含义，一个简单的实现 RIP 的配置文件如下。

```
rip yes{
        broadcast;
        defaultmetric 5;
        interface eth1 version 2 multicast
    };
static{
        default gateway 192.168.0.10 preference 140 retain;
    };
```

该配置文件的含义：启用 RIP，对所有接口采用广播方式发送 RIP 路由消息，但 eth1 接口除外；在 eht1 接口上采用第 2 版的 RIP，采用组播方式发送 RIP 路由消息；默认网关为 192.168.0.10，指定的优先级为 140。

9.4　习题

一、选择题

1. 在计算机网络中，路由选择协议的功能不包括（　　）。
   A．交换网络状态或通路信息　　　　B．选择到达目的地的最佳路径
   C．更新路由表　　　　　　　　　　D．发现下一跳的物理地址

2. 在 RIP 中，到某个网络的距离值为 16，其意义是（　　）。
   A．该网络不可达　　　　　　　　　B．存在循环路由
   C．该网络为直接连接网络　　　　　D．到达该网络要经过 15 次转发

3. 在以下关于 RIP 的描述中，错误的是（　　）。
   A．RIP 是基于距离-向量路由选择算法的
   B．RIP 要求内部路由器向整个 AS 的路由器发布路由信息
   C．RIP 要求内部路由器将关于整个 AS 的路由信息发布出去
   D．RIP 要求内部路由器按照一定的时间间隔发布路由信息

4．直接封装 RIP、OSPF、BGP 报文的协议分别是（　　　）。
   A．TCP、UDP、IP
   B．TCP、IP、UDP
   C．UDP、TCP、IP
   D．UDP、IP、TCP

5．对路由选择协议的一个要求是必须能够快速收敛，所谓"路由收敛"，是指（　　　）。

A．路由器能把分组发送到预定的目标

B．路由器处理分组的速度足够快

C．网络设备的路由器与网络拓扑结构保持一致

D．能把多个子网聚合成一个超网

二、填空题

1．_____是世界上最大的广域网。

2．因特网是由无数个局域网组合而成的，将各局域网连接起来的设备被称为_____。

三、简答题

简述路由器的作用。

四、实验题

在 Windows Server 2016 操作系统和 Linux 操作系统下实现路由服务。

第 10 章

HTML

前 9 章介绍了因特网的技术基础及一些信息服务器的基本配置，让读者了解了因特网的工作原理和提供信息服务的方式。了解了这两部分技术内容，就可以在因特网上为用户提供信息服务了。

如何以美观、生动的形式向用户提供信息服务呢？这就需要读者了解一些网页设计的知识。从本章起，将向读者介绍一些网页设计的基本知识。

10.1　HTML 的简介

第 6 章介绍 Web 的核心包括 4 部分：HTML、HTTP、Web 服务器和 Web 浏览器。其中，HTML 是用来实现网页上各种功能的描述语言。尽管现在有各种各样的网页语言，但 HTML 一直是网页设计的基础。

HTML 是英文 HyperText Markup Language 的缩写，即超文本标记语言，是一种用来制作超文本文档的简单标记语言。使用 HTML 编写的超文本文档被称为 HTML 文档，可以在各种操作系统平台（如 UNIX、Windows 等）上独立运行。自 1990 年以来，HTML 一直被用作 WWW 的信息表示语言。HTML 用于描述网页的格式设计和与其他主页在 WWW 上的连接信息，是一种可以被浏览器解释和浏览的文件格式。使用 HTML 描述的文件，需要通过 WWW 浏览器显示出效果。

超文本可以加入图片、声音、动画、影视等内容，也可以从一个文件跳转到另一个文件，与世界各地主机的文件连接。

通过记事本、写字板或 FrontPage Editor 等编辑工具可以编写和保存 HTML 文件，通过浏览器可以显示出该文件的效果。注意：浏览器只能处理以.html 或.htm 为后缀名的文件，所以读者在保存 HTML 文档时，一定要将其后缀名改为.html 或.htm。

10.2　HTML 的标签

刚刚接触超文本遇到的最大障碍就是一些用"<"和">"括起来的句子，这些句子被称为标签。标签是用来分割和标记文本的元素，以创建布局、格式化文字及丰富多彩的画面。

1）单标签

只需单独使用就能完整地表达意思的标签被称为单标签。单标签的语法如下。

<标签名称>

是最常用的单标签，表示换行。

2）双标签

由始标签和尾标签两部分构成，必须成对使用的标签被称为双标签。其中，始标签告诉 Web 浏览器从此处开始执行该标记所表示的功能，而尾标签告诉 Web 浏览器在此处结束执行该功能。始标签前加一个斜杠（/）即可变为尾标签。双标签的语法如下。

```
<标签>内容</标签>
```

其中，"内容"部分是被双标签应用作用的部分。例如，想要突出显示某段文字，就将此段文字放在<em> </em>标签对中，语法如下。

```
<em>文字</em>
```

3）标签属性

许多单标签和双标签的始标签中可以包含一些属性，语法如下。

```
<标签名字 属性1 属性2 属性3…>
```

属性之间无先后次序，属性可省略（取默认值），如<hr>标签表示在文档当前位置画一条水平线（Horizontal Line），一般从窗口中当前行的左端一直画到右端。<hr>标签的一些属性如下。

```
<hr size=3 align=left width="75%">
```

其中，size 属性定义线的粗细，属性值取整数，默认值为 1；align 属性表示对齐方式，可取 left（左对齐，默认值）、center（居中）、right（右对齐）；width 属性定义线的长度，可取相对值（由" "括起来的百分数表示相对于充满整个窗口的百分比），也可取绝对值（用整数表示的屏幕像素点的个数，如 width=300），默认值为 100%。

下面介绍一些 HTML 的基本标签对。

1）<html></html>标签对

<html>标签放在 HTML 文档的最前边，用来标识 HTML 文档的开始。</html>标签放在 HTML 文档的最后边，用来标识 HTML 文档的结束，两个标签必须一起使用。

2）<head></head>标签对

<head></head>标签对构成 HTML 文档的开头部分，在此标签对之间可以使用<title></title>、<script></script>等标签对。这些都是描述 HTML 文档相关信息的标签对。<head></head>标签对之间的内容不会在浏览器中显示，两个标签必须一起使用。

3）<body></body>标签对

<body></body>标签对是 HTML 文档的主体部分，在此标签对之间可使用<p></p>、<h1></h1>、
、<hr>等标签。<body></body>标签对所定义的文本、图像等会在浏览器中显示，两个标签必须一起使用。表 10-2-1 所示为<body>标签的属性。

表 10-2-1　<body>标签的属性

属性	用途	示例
<body bgcolor="#rrggbb">	设置背景颜色	<body bgcolor="red">表示红色背景
<body text="#rrggbb">	设置文本颜色	<body text="#0000ff">表示蓝色文本
<body link="#rrggbb">	设置链接颜色	<body link="blue">表示蓝色链接
<body vlink="#rrggbb">	设置已访问的链接的颜色	<body vlink="#ff0000">表示已访问的链接为红色

属性	用途	示例
<body alink="#rrggbb">	设置正在被单击的链接的颜色	<body alink="yellow">表示正在单击的链接为黄色

说明：以上属性可以结合使用，如<body bgcolor="red" text="#0000ff">。引号内的 rrggbb 是使用 6 个十六进制数字表示的 RGB（红、绿、蓝三色的组合）颜色码，以"#"作为前缀，如#ff0000 对应的是红色。此外，可以使用 HTML 中给定的常量名来表示颜色。这些常量名为 black、white、green、maroon、olive、navy、purple、gray、yellow、lime、agua、fuchsia、silver、red、blue 和 teal。例如，<body text="blue">表示<body></body>标签中的文本使用蓝色显示在浏览器中

4）<title></title>标签对

使用过浏览器的读者可能都会注意到浏览器窗口上边蓝色部分显示的文本信息，这些信息一般是网页的"主题"。在浏览器的顶部显示主题很简单，在<title></title>标签对之间加入要显示的文本即可。注意：<title></title>标签对只能放在<head></head>标签对之间。

下面是一个综合的例子，仔细阅读便可以了解以上标签在一个 HTML 文档中的布局或使用的位置。

【例 1】HTML 文档中使用基本标签的示例。

```
<html>
<head>
<title>显示在浏览器上边蓝色条中的文本</title>
</head>
<body bgcolor="red" text="blue">
<p>红色背景、蓝色文本</p>
</body>
</html>
```

10.3　HTML 的基本结构

HTML 文档分为文档头和文档体两部分。在文档头中，我们可以对 HTML 文档进行一些必要的定义；在文档体中，显示各种文档信息。比较【例 1】可以看出，HTML 文档具有如下结构。

```
<html>
    <head>
        头部信息
    </head>
    <body>
        文档主体，正文部分
    </body>
</html>
```

其中，<html>标签在最外层，表示<html></html>标签对之间的内容是 HTML 文档。我们可能会看到一些网页省略了<html>标签，这是因为 Web 浏览器默认.html 或.htm 文件是 HTML 文档。<head>与</head>标签之间包括文档的头部信息，如文档总标题等。若不需要头部信息，则可以省略此标签。<body>标签一般不省略，表示正文内容的开始。

10.4　HTML 的页面布局与文本格式

通过学习 10.2 节和 10.3 节中的内容，读者可以在网站上发布网页了。但是，仅仅使用这些标签设计网页，只能显示为纯文本的样式，如果网页只展示给自己，则可以不在乎其简朴的外表，而想要展示给其他人，就需要给网页"穿上体面的衣服"，即美化网页。本节将介绍如何美化网页中的文本，改变文本的字体样式，如斜体、黑体字、加一个下画线等。

1）<Hn>标题标签

一般文章都有标题、副标题、章和节等结构，HTML 中也提供了相应的标题标签<Hn>。其中，n 为标题的等级。HTML 共提供 6 个等级的标题，n 越小，标题的字号就越大。

请读者在自己的计算机中输入下面的例子，看一下显示结果。

```
<html>
    <head>
      <title>标题示例</title>
    </head>
    <body>
      <H1>一级标题</H1>
      <H2>二级标题</H2>
      <H3>三级标题</H3>
      <H4>四级标题</H4>
      <H5>五级标题</H5>
      <H6>六级标题</H6>
    </body>
</html>
```

2）
换行标签

在编写 HTML 文件时，我们不必考虑太细的设置，也不必理会段落过长的部分会被浏览器隐藏。这是因为在 HTML 规范中，每当浏览器窗口被缩小时，浏览器会自动将右边的文字转至下一行。所以，网页设计者对需要换行的地方，应加上
标签，如果仅在需要换行的地方按"Enter"键，则会被浏览器忽略，无法实现换行。

【例 2】HTML 文档中未使用
标签的示例。

```
<html>
<head>
<title>无换行示例</title>
</head>
<body>
登鹳雀楼
白日依山尽，
黄河入海流。
欲穷千里目，
更上一层楼。
</body>
</html>
```

将上述代码保存后用浏览器打开，显示结果如图 10-4-1 所示。

图 10-4-1　未使用
标签的网页

下面将【例 2】重新书写为以下形式。

```
<html>
<head>
<title>换行示例</title>
</head>
<body>
登鹳雀楼<br>白日依山尽，<br>黄河入海流。<br>欲穷千里目，<br>更上一层楼。
</body>
</html>
```

将上述代码保存后用浏览器打开，显示结果如图 10-4-2 所示。

图 10-4-2　使用了
标签的网页

在
标签的使用上还有一定的技巧，如果把
标签放在<p></p>标签对的外边，则创建一个大的换行，即
标签前边和后边的文本的行与行之间的距离比较大；如果把
标签放在<p></p>标签对的里边，则
标签前边和后边的文本的行与行之间的距离比较小。感兴趣的读者不妨试试看。

3）<p>段落标签

<p></p>标签对用来创建一个段落，在此标签对之间加入的文本将按照段落的格式显示在浏览器中。另外，在<p>标签中使用 align 属性可以说明对齐方式，语法是<p align=""></p>。align 属性可以是 left（左对齐）、center（居中）和 right（右对齐）三个值中的任何一个。例如，<p align="center"></p>表示标签对中的文本使用居中的对齐方式。引入<p>标签，将【例 2】重写为【例 3】。

【例 3】HTML 文档中使用<p>标签的示例。

```
<html>
<head>
<title>段落标签</title>
</head>
<body>
登鹳雀楼<P>白日依山尽，<br>黄河入海流。<br>欲穷千里目，<br>更上一层楼。</P>
</body>
</html>
```

将上述代码保存后用浏览器打开，显示结果如图 10-4-3 所示。

图 10-4-3　<p>标签的示例

4）<hr>水平线段标签

<hr>标签可以在屏幕上显示一条水平线，用来分割页面中的不同部分。<hr>标签有以下 4 个属性。

- size：水平线的宽度。
- width：水平线的长度，用百分比或像素值来表示占屏幕宽度的占比。
- align：水平线的对齐方式，有 left、rgiht、center 三种。
- noshade：实心线段，无阴影效果。

下面仅举一个设置水平线宽度的例子，关于其他属性的应用，读者可以自己编写例子作为练习。

【例 4】HTML 文档中设置水平线宽度的示例。

```
<html>
<head>
<title>线段粗细的设定</title>
</head>
<body>
<p>这是第一条线段，无 size 设定，取内定值 SIZE=1 来显示<br></p>
<hr>
<p>这是第二条线段，SIZE=5<br></p>
<hr size=5>
<p>这是第三条线段，SIZE=10<br></p>
<hr size=10>
</body>
</html>
```

将上述代码保存后用浏览器打开，显示结果如图 10-4-4 所示。

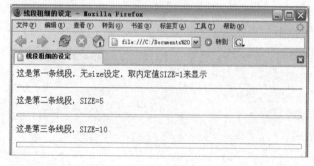

图 10-4-4　<hr>标签的示例

5）<font>文字大小标签

<font></font>是很有用的标签对，可以改变输出文本的字体大小、颜色。这些改变主要是通过控制<font>标签的 size 属性和 color 属性来实现的。size 属性用来改变字体的大小，取值为-1、1 和 n+1；color 属性用来改变文本的颜色，取值是表 10-2-1 中介绍的 RGB 颜色码或 HTML 中给定的颜色常量名。

【例 5】HTML 文档中设置字体大小的示例。

```
<html>
<head>
<title>字号大小</title>
</head>
<body>
<p><font size=7>这是 size=7 的字体</font></p>
<p><font size=6>这是 size=6 的字体</font></p>
<p><font size=5>这是 size=5 的字体</font></p>
<p><font size=4>这是 size=4 的字体</font></p>
<p><font size=3>这是 size=3 的字体</font></p>
<p><font size=2>这是 size=2 的字体</font></p>
<p><font size=1>这是 size=1 的字体</font></p>
<p><font size=-1>这是 size=-1 的字体</font></p>
</body>
</html>
```

将上述代码保存后用浏览器打开，显示结果如图 10-4-5 所示。

图 10-4-5　<font>标签的示例

6）文字的字体和样式

HTML 4.0 提供了定义字体的功能，通过 face 属性来完成这个工作。face 属性值可以是本机上的任意一种字体类型，但有一点麻烦的是，只有对方的计算机中装有相同的字体，才能在其浏览器中显示设计的风格。face 属性的使用方法是<font face="字体">。

【例 6】HTML 文档中设置字体类型的示例。

```
<html>
<head>
```

```
<title>字体</title>
</head>
<body>
<center>
<p><font face="楷体_GB2312">欢迎光临</font></p>
<p><font face="宋体">欢迎光临</font></p>
<p><font face="仿宋_GB2312">欢迎光临</font></p>
<p><font face="黑体">欢迎光临</font></p>
<p><font face="Arial">Welcom my homepage.< font></p>
<p><font face="Comic Sans MS">Welcom my homepage.</font></p>
</center>
</body>
</html>
```

将上述代码保存后用浏览器打开，显示结果如图 10-4-6 所示。

图 10-4-6　字体和样式的示例

7）文字特殊效果

为了让文字富有变化，或者特意强调某一部分，HTML 提供了一些标签来实现这些效果。其中，常用的标签对列举如下。

（1）<b></b>、<i></i>、<u></u>标签对。

经常使用 Word 的读者一定可以很快掌握这 3 种标签对的使用方法。<b></b>标签对用来输出黑体字的文本；<i></i>标签对用来输出斜体字的文本；<u></u>标签对用来输出具有下画线的文本。

（2）<tt></tt>、<cite></cite>、<em></em>、<strong></strong>标签对。

这些标签对的用法和上文的相似，区别在于输出文本的字体不太一样。<tt></tt>标签对用来输出打字机风格字体的文本；<cite></cite>标签对用来输出引用方式的字体，通常为斜体；<em></em>标签对用来输出需要强调的文本（通常为斜体加黑体）；<strong></strong>标签对用来输出加重文本（通常为斜体加黑体）。

（3）<big></big>、<small></small>、<blink></blink>标签对。

<big></big>标签对用来输出大型字体的文本；<small></small>标签对用于输出小型字体的文本；<blink></blink>标签对用来输出具有闪烁效果的文本。

下面通过【例 7】查看文字效果。

【例 7】HTML 文档中设置字体样式的示例。

```
<html>
<head>
<title>字体样式</title>
</head>
<body>
<b>黑体字</b>
<p> <i>斜体字</i></p>
<p> <u>加下画线</u></p>
<p> <big>大型字体</big></p>
<p> <small>小型字体</small></p>
<p> <blink>闪烁效果</blink></p>
<p><em>welcome</em></p>
<p><strong>welcome</strong></p>
<p><cite>welcome</cite></p>
</body>
</html>
```

将上述代码保存后用浏览器打开，显示结果如图 10-4-7 所示。

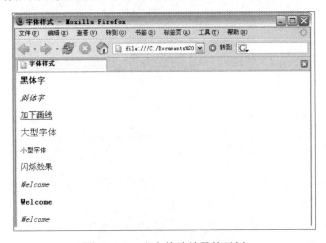

图 10-4-7　文字特殊效果的示例

8）文字颜色

设置文字颜色的格式如下。

```
<font color=color_value>…</font>
```

这里的颜色值可以是 RGB 颜色码，也可以是 HTML 中给定的颜色常量名。black = "#000000"、green = "#008000"、silver = "#c0c0c0"、lime = "#00ff00"、gray = "#808080"、olive = "#808000"、white = "#ffffff"、yellow = "#ffff00"、maroon = "#800000"、navy = "#000080"、red = "#ff0000"、blue = "#0000ff"。

设置文字颜色的例子如下。

【例 8】HTML 文档中设置字体颜色的示例。

```
<html>
<head>
```

```
<title>文字的颜色</title>
</head>
<body bgcolor=000080>
<b>请看例子: </b>
<center>
<font coclor=white>色彩斑斓的世界</font><br>
<font coclor=red>色彩斑斓的世界</font> <br>
<font coclor=#00ffff>色彩斑斓的世界</font><br>
<font coclor=#ffff00>色彩斑斓的世界</font><br>
<font coclor=#ffffff>色彩斑斓的世界</font> <br>
<font coclor=#00ff00>色彩斑斓的世界</font><br>
<font coclor=#c0c0c0>色彩斑斓的世界</font><br>
</center>
</body>
</html>
```

将上述代码保存后用浏览器打开，显示结果如图 10-4-8 所示。

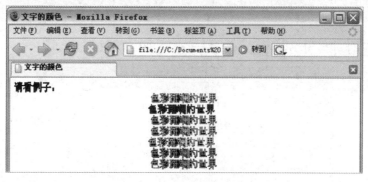

图 10-4-8　文字颜色的示例

9）文字位置

通过 align 属性可以选择文字或图片的对齐方式，left 表示左对齐，right 表示右对齐，center 表示居中对齐。align 属性的基本语法如下。

```
<div align=#>
```

#可以为 left、right 或 center。

align 属性的举例如下。

【例9】HTML 中设置对齐方式的示例。

```
<html>
<head>
<title>位置控制</title>
</head>
<body>
<div align=left>
你好!<br>
<div align=right>
你好!<br>
<div align=center>
你好!<br>
```

```
</body>
</html>
```

将上述代码保存后用浏览器打开，显示结果如图 10-4-9 所示。

图 10-4-9　文字位置的示例

10.5　给 HTML 页面增加列表

10.4 节介绍了装饰页面的几种方法，本节将介绍如何在 HTML 页面中增加列表。

HTML 页面中的列表包括无序号列表、序号列表和定义性列表。

1）无序号列表

无序号列表使用的标签对是<ul></ul>，每个列表项前使用<li>标签。无序号列表的结构如下。

```
<ul>
    <li>第一项
    <li>第二项
    <li>第三项
</ul>
```

无序号列表的示例如下。

【例 10】HTML 文档中无序号列表的示例。

```
<html>
<head>
<title>无序号列表</title>
</head>
<body>
这是一个无序号列表：<p>
<ul>
国际互联网提供的服务有：
    <li>WWW 服务
    <li>文件传输服务
    <li>电子邮件服务
    <li>远程登录服务
    <li>其他服务
</ul>
</p>
</body>
</html>
```

将上述代码保存后用浏览器打开，显示结果如图 10-5-1 所示。

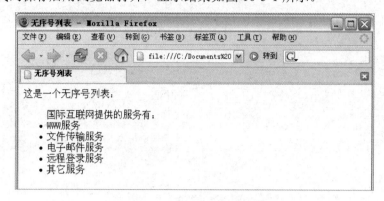

图 10-5-1　无序号列表的示例

2）序号列表

序号列表的使用方法与无序号列表的使用方法基本相同，使用<ol></ol>标签对，每个列表项前使用<li>标签。每个列表项都有前后顺序之分，通常用数字表示。序号列表的结构如下。

```
<ol>
    <li>第一项
    <li>第二项
    <li>第三项
</ol>
```

序号列表的示例如下。

【例 11】HTML 文档中序号列表的示例。

```
<html>
<head>
<title>序号列表</title>
</head>
<body>
这是一个序号列表：<P>
<ol>
国际互联网提供的服务有：
<li>WWW 服务
<li>文件传输服务
<li>电子邮件服务
<li>远程登录服务
<li>FTP 服务
<li>DNS 服务
<li>其他服务
</ol>
</p>
</body>
</html>
```

将上述代码保存后用浏览器打开，显示结果如图 10-5-2 所示。

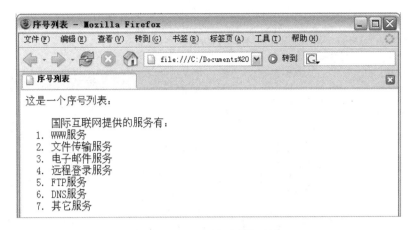

图 10-5-2　序号列表的示例

3）定义性列表

定义性列表可以给每个列表项加上一段说明文字。说明文字独立于列表项另起一行显示。在应用中，列表项使用\<dt\>标签表示，说明文字使用\<dd\>标签表示。在定义性列表中，还有一个属性是 compact，使用这个属性后，说明文字和列表项将显示在同一行。定义性列表的结构如下。

```
<dl>
<dt>第一项<dd>叙述第一项的定义
<dt>第二项<dd>叙述第二项的定义
<dt>第三项<dd>叙述第三项的定义
</dl>
```

定义性列表的示例如下。

【例 12】HTML 文档中定义性列表的示例。

```
<html>
<head>
<title>定义性列表</title>
</head>
<body>
这是一个定义性列表：<p>
<dl>
<dt>WWW<dd>WWW 是全球信息网（World Wide Web）的缩写，又被称为 3W、W3、Web。
<dt>HyperText<dd>HyperText 是超文本。文件通过超文本，可链接其他地方的数据文件，获取
分散在各地的数据。
</dl>
</p>
</body>
</html>
```

将上述代码保存后用浏览器打开，显示结果如图 10-5-3 所示。

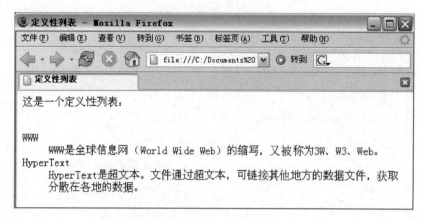

图 10-5-3　定义性列表的示例

10.6　HTML 表格

表格标签对制作网页是很重要的，现在很多网页都使用多重表格，主要原因是表格不仅可以固定文本或图像的位置，还可以任意设置背景和前景颜色，实现网页的个性布局。

1）<table></table>标签对

<table></table>标签对用来创建一个表格。表 10-6-1 所示为<table>标签属性的用途。

表 10-6-1　<table>标签属性的用途

属性	用途
<table bgcolor="">	设置表格的背景色
<table border="">	设置边框的宽度，若不设置此属性，则边框宽度默认为 0px
<table bordercolor="">	设置边框的颜色
<table bordercolorlight="">	设置边框明亮部分的颜色（当 border 的值大于等于 1 时才有用）
<table bordercolordark="">	设置边框昏暗部分的颜色（当 border 的值大于等于 1 时才有用）
<table cellspacing="">	设置单元格之间空间的大小
<table cellpadding="">	设置单元格边框与其内部内容之间空间的大小
<table width="">	设置表格的宽度，单位用绝对像素值或总宽度的百分比
说明：以上各个属性可以结合使用。有关宽度、大小的单位用绝对像素值。有关颜色的属性使用 RGB 颜色码或 HTML 中给定的颜色常量名（如 silver 为银色）	

2）<tr></tr>、<td></td>标签对

<tr></tr>标签对用来创建表格中的一行。<tr>标签对只能放在<table></table>标签对之间使用，而在此标签对之间加入文本是无效的，因为在<table></table>标签对之间只有包含<tr></tr>标签对才是有效的语法。<td></td>标签对用来创建表格中一行中的一个单元格，此标签对只有放在<tr></tr>标签对之间才是有效的语法，要输出的文本也只有放在<td></td>标签对之间才有效（才能显示出来）。<table></table>、<tr></tr>和<td></td>标签对的关系如表 10-6-2 所示。

表 10-6-2 <table></table>、<tr></tr>和<td></td>标签对的关系

标签	关系
<table>	最外层，创建一个表格
<tr>	第 2 层，创建一行
<td>要输出的文本只能放在此处</td>	第 3 层，创建一个单元格（这里共创建了 3 个单元格）
<td>要输出的文本只能放在此处</td>	
<td>要输出的文本只能放在此处</td>	
</tr>	第 2 层
</table>	最外层

此外，<tr>标签有 align 和 valign 属性。align 属性是水平对齐方式，取值为 left（左对齐）、center（居中）、right（右对齐）；valign 是垂直对齐方式，取值为 top（顶端对齐）、middle（居中对齐）或 bottom（底部对齐）。<td>标签有 width、colspan、rowspan 和 nowrap 属性。width 是单元格的宽度，单位为绝对像素值或总宽度的百分比；colspan 是一个单元格跨占的列数（默认值为 1）；rowspan 是一个单元格跨占的行数（默认值为 1）；nowrap 是禁止单元格内的内容自动换行。

3）<th></th>标签对

<th></th>标签对用来设置表格头，通常是黑体居中文字。读者看一看下边的例子即可理解以上标签的用法。

【例 13】表格签的综合示例。

```
<html>
<head>
<title>表格标签的综合示例</title>
</head>
<body>
<table    border="1"    width="80%"    bgcolor="#E8E8E8"    cellpadding="2"
bordercolor="#0000FF"
  bordercolorlight="#7D7DFF" bordercolordark="#0000A0">
  <tr>
    <th width="33%" colspan="2" valign="bottom">意大利</th>
    <th width="36%" colspan="2" valign="bottom">英格兰</th>
    <th width="36%" colspan="2" valign="bottom">西班牙</th>
  </tr>
  <tr>
    <td width="16%" align="center">AC 米兰</td>
    <td width="16%" align="center">佛罗伦萨</td>
    <td width="17%" align="center">曼联</td>
    <td width="17%" align="center">纽卡斯尔</td>
    <td width="17%" align="center">巴塞罗那</td>
    <td width="17%" align="center">皇家社会</td>
  </tr>
  <tr>
    <td width="16%" align="center">尤文图斯</td>
    <td width="16%" align="center">桑普多利亚</td>
    <td width="17%" align="center">利物浦</td>
```

```
    <td width="17%" align="center">阿申纳</td>
    <td width="17%" align="center">皇家马德里</td>
    <td width="17%" align="center">……</td>
  </tr>
  <tr>
    <td width="16%" align="center">拉齐奥</td>
    <td width="16%" align="center">国际米兰</td>
    <td width="17%" align="center">切尔西</td>
    <td width="17%" align="center">米德尔斯堡</td>
    <td width="17%" align="center">马德里竞技</td>
    <td width="17%" align="center">……</td>
  </tr>
</table>
</body>
</html>
```

将上述代码保存后用浏览器打开，显示结果如图 10-6-1 所示。

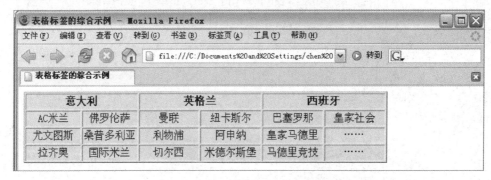

图 10-6-1　表格标签的综合示例

10.7　HTML 表单

表单在 Web 网页中用来给访问者填写信息，从而获得用户信息，使网页具有交互功能。一般，表单被设计在一个 HTML 文档中，当用户填写完信息后做提交（Submit）操作时，表单中的内容会从客户端的浏览器传送到服务器上，经过服务器上的 ASP 或 CGI 等处理程序处理后，再将用户所需信息传送到客户端的浏览器上，这样网页就具有了交互性。这里仅介绍如何使用 HTML 标签来设计表单。

1）<form></form>标签对

<form></form>标签对用来创建一个表单，即定义表单的开始位置和结束位置，在此标签对之间的一切内容都属于表单的内容。<form>标签有 action、method 和 target 属性。action 属性值是处理程序的名称（包括网络路径：网址或相对路径），如 <form action="http://xld.home.chinaren.net/counter.cgi">，当用户提交表单时，服务器将执行网址 http://xld.home.chinaren.net/ 上名称为 counter.cgi 的 CGI 程序。method 属性用来定义处理程序从表单中获得信息的方式，取值为 get 和 post 中的一个。get 方式用来处理程序从当前 HTML 文档中获取数据，其传送的数据量是有限制的，一般限制在 1KB 以下。post 方式与 get 方式

相反，用来处理程序中由当前 HTML 文档传送过来的数据，其传送的数据量比使用 get 方式大得多。target 属性用来指定目标窗口或目标帧。

　　2）<input type="">标签

　　<input type="">标签用来定义一个输入区，用户可在其中输入信息。此标签必须放在<form></form>标签对之间。<input type="">标签可以设置 8 种输入区域类型，具体是哪种由 type 属性的值来决定。type 属性的输入区域类型如表 10-7-1 所示。

表 10-7-1　type 属性的输入区域类型

type 取值	输入区域类型	输入区域示例
<input type="TEXT" size="" maxlength="">	单行的文本输入区域，size 与 maxlength 属性用来定义此种输入区域显示的尺寸大小与输入的最大字符数	
<input type="SUBMIT">	将表单内容提交给服务器的按钮	提交
<input type="RESET">	将表单内容全部清除的按钮	Reset
<input type="CHECKBOX" checked>	复选框，checked 属性用来设置该复选框默认时是否被选中，输入区示例中使用了 3 个复选框	你喜欢哪些教程： ☐ HTML 入门 ☐ 动态 HTML ☐ ASP
<input type="HIDDEN">	隐藏区域，用户不能在此输入，用来预设某些要传送的信息	
<input type="IMAGE" src="URL">	使用图像代替 submit 按钮，图像的源文件名由 src 属性指定，用户单击后，表单中的信息和单击位置的 X、Y 坐标一起被传送给服务器	
<input type="PASSWARD">	输入密码的区域，当用户输入密码时，区域内将会显示星号（"*"）	请输入您的密码：
<input type="RADIO">	单选按钮，checked 属性用来设置该单选按钮默认时是否被选中，右边示例中使用了 3 个单选按钮	10 月 3 日中韩国奥队比赛结果会是： ⦿ 中国胜 ⦿ 平局 ⦿ 韩国胜

　　此外，这 8 种输入区域类型有一个公共属性 name，此属性为每个输入区域提供一个名字。这个名字与输入区域是一一对应的，即一个输入区域对应一个名字。服务器就是通过调用某一输入区域名字的 value 属性来获得该区域的数据的。value 是另一个公共属性，用来指定输入区域的默认值。

3）<select></select>标签对和<option>标签

<select></select>标签对用来创建一个下拉列表框或多选列表框。此标签对位于<form></form>标签对之间。<select>标签有 multiple、name 和 size 属性。multiple 属性不用赋值，直接在标签中使用即可，使用此属性后列表框可变为多选的；name 属性是列表框的名字，与公共属性 name 的作用一样；size 属性用来设置列表的高度，默认值为1，若没有设置（使用）multiple 属性，则显示一个弹出式的列表框。

<option>标签用来指定列表框中的一个选项，位于<select></select>标签对之间。<option>标签有 selected 和 value 属性。selected 属性用来指定默认的选项，value 属性用来为<option>标签指定的选项赋值。这个值需要传送到服务器上，服务器通过调用<select>区域的名字的value 属性来获得该区域选中的数据项。表 10-7-2 所示为<select></select>标签对和<option>标签的 HTML 代码及浏览器显示结果。

表 10-7-2　<select></select>标签对和<option>标签的 HTML 代码及浏览器显示结果

HTML 代码	浏览器显示结果
<form action="cgi-bin/tongji.cgi" method="post"> 　<p>请选择最喜欢的男歌星： 　<select name="gx1" size="1"> 　<option value="ldh">刘德华 　<option value="zhxy" selected>张学友 　<option value="gfch">郭富城 　<option value="lm">黎明 　</select> </form>	请选择最喜欢的男歌星：
<form action="cgi-bin/tongji.cgi" method="post"> 　<p>请选择最喜欢的女歌星： 　<select name="gx2" multiple size="4"> 　<option value="zhmy">张曼玉 　<option value="wf" selected>王菲 　<option value="tzh">田震 　<option value="ny">那英 　</select> </form>	请选择最喜欢的女歌星：

4）<textarea></textarea>标签对

<textarea></textarea>标签对用来创建一个可以输入多行的文本框，此标签对位于<form></form>标签对之间。<textarea>标签有 name、cols 和 rows 属性。cols 和 rows 属性分别用来设置文本框的列数和行数，这里列与行是以字符数为单位的。表 10-7-3 所示为<textarea></textarea>标签对的 HTML 代码及浏览器显示结果。

表 10-7-3　<textarea></textarea>标签对的 HTML 代码及浏览器显示结果

HTML 代码	浏览器显示结果
<form action="cgi-bin/tongji.cgi" method="post"> 　　<p>您的意见对我很重要： 　　<textarea name="yj" clos="20" rows="5"> 　　　请在此区域输入您的意见 　　</textarea> </form>	您的意见对我很重要： 请在此区域输入您的意见

10.8　超级链接

链接是超文本中最重要的特性之一，使用者可以通过链接从一个页面直接跳转到其他的页面、图像或服务器上。链接的基本格式如下。

```
<a href="资源地址">链接文字</a>
```

其中，<a>标签表示链接的开始；</a>标签表示链接的结束；href 属性指定链接目标的位置。

通过单击"链接文字"可以跳转到指定的文件。

例如，<a href="http://www.nwpu.edu.cn">西北工业大学</a>。

链接分为本地链接、URL 链接和目录链接。在链接的各个要素中，资源地址是最重要的，一旦路径出现差错，就无法从用户端获得资源。

1）本地链接

同一台机器上不同文件的链接被称为本地链接。本地链接使用 UNIX 或 DOS 操作系统中文件路径的表示方法，采用绝对路径或相对路径来指示一个文件的位置。

例如，现在正在浏览页面的绝对路径是 c:\study\HTML 教程\link01.htm，而这个页面相对于当前目录，即"HTML 教程"的相对路径是 link01.htm，如果浏览"HTML 教程"之外的页面，则该文件路径要以两个圆点（..）表示上一层目录（../../internet/IP 地址）。

下面把这几种路径的表示方法写入链接。

以绝对路径表示，具体如下。

```
<a href="/c:\study\HTML 教程\link01.htm">文件的链接</a>
```

以相对路径表示，具体如下。

```
<a href="link01.htm">文件的链接</a>
```

链接上一层目录中的文件，具体如下。

```
<a href="../../Internet/IP 地址">IP 地址</a>
```

一般情况下不使用绝对路径，因为资源常常放在网上供其他用户浏览，如果使用绝对路径，当把整个目录中的文件移动到服务器上时，用户将无法访问 C:\的资源地址。所以，最好使用相对路径，避免重新修改文件资源路径。

2）URL 链接

如果链接的文件在其他服务器上，就要弄清指向文件时采用的哪种 URL 地址。URL 可以通过多种通信协议来与外界沟通。

URL 链接的形式如下。

协议名：//主机.域名/路径/文件名

其中，包括以下协议。

- file：本地系统文件。
- http：WWW 服务器。
- ftp：FTP 服务器。
- telnet：基于 Telnet 的协议。
- mailto：电子邮件。
- news：Usenet 新闻组。
- gopher：Gopher 服务器。
- wais：WAIS 服务器。

例如，用以下形式表达一个 URL 地址。

```
http://www.nwpu.edu.cn/
ftp://ftp.nwpu.edu.cn
```

当将上述 URL 地址写在 HTML 文件中，链接其他主机上的文件时，格式如下。

```
<a href="http://www.nwpu.edu.cn/default.htm">西北工业大学</a>
<a href="telnet://bbs.xanet.edu.cn">西北网络中心兵马俑站</a>
```

3）目录链接

前面介绍的资源地址只是单纯地指向一份文件，但是对于直接指到某文件的上部、下部或中央部，使用以上方法是无法实现的。然而，要实现这种效果并不是毫无办法，可以使用目录链接。

制作目录链接的方法如下。

首先，把某段落设置为链接位置，格式如下。

```
<a name="链接位置名称"></a>
```

然后，调用此链接部分的文件时，定义链接的格式如下。

```
<a href="文件名#链接位置名称">链接文字</a>
```

如果在一个文件内跳转，则文件名可以省略不写。

10.9　插入图像

HTML 之所以能在很短的时间内广泛地受到人们的青睐，重要的原因是其支持多媒体的特性，如图像、声音、动画等。下面介绍如何在一个页面中插入图像。

超文本支持的图像格式一般有 X Bitmap（XBM）、GIF、JPEG 三种，所以对图片进行处理后要保存为其中一种格式，这样才可以在浏览器中显示。

<img>是插入图像的标签，格式如下。

```
<img src="图像文件地址">
```

src 指明了所要链接的图像文件地址。这个图像文件可以是本地机器上的图像，也可以是位于远端主机上的图像。地址的表示方法可以沿用上文的 URL 地址表示方法。例如，<img src="images/ball.gif">。

<img>标签有 height 和 width 属性，分别表示图像的高度和宽度。通过这两个属性，可以改变图像的大小，如果没有设置，则图像按原来的尺寸显示。

align 属性的图文对齐方式，有如表 10-9-1 所示的几种。

表 10-9-1　align 属性的图文对齐方式

对齐方式	格式	显示效果
align=top	<img src="love.gif" align=top> 美丽的心灵	美丽的心灵
align=middle	<img src="love.gif" align=middle>美丽的心灵	美丽的心灵
align=buttom	<img src="love.gif" align=buttom>美丽的心灵	美丽的心灵
align=texttop	<img src="love.gif" align=textop>美丽的心灵	美丽的心灵
align=baseline	<img src="love.gif" align=baeline>美丽的心灵	美丽的心灵
align=left	<img src="love.gif" align=left> 美丽的心灵，有着数不清的爱 心，像天空里的星星，明亮晶莹	美丽的心灵， 有着数不清的 爱心，像天空 里的星星，明 亮晶莹
align=right	<img src="love.gif" align=right>美丽的心灵，有着数 不清的爱心，像天空里的星星， 明亮晶莹	美丽的心灵， 有着数不清的 爱心，像天空 里的星星，明 亮晶莹

　　在 HTML 文件中，图像水平位置的配置可由 hspace 属性来完成，垂直位置的配置可由 vspace 属性来完成，如表 10-9-2 所示。

表 10-9-2　通过 hspace、vspace 属性设置图文对齐方式

格式	显示效果
<IMG SRC="love.gif">	 美丽的心灵
<IMG SRC="love.gif" HSPACE=30>	 美丽的心灵
<IMG SRC="love.gif" VSPACE=30>	 美丽的心灵

　　链接和图像结合，可以实现图形按钮。图形按钮就是使用者通过在图形上单击，能链接到某个地址。图形按钮的设置方法很简单，只要调用一下前面学习的知识就可以完成。设置图形按钮的基本格式如下。

```
<a href="资源地址"><img src="图像文件地址"></a>
```

10.10　播放音乐

　　HTML 除了可以插入图像，还可以播放音乐和视频等。浏览器可以播放的音乐格式有 MIDI、WAV、AU。另外，在利用网络下载的各种音乐中，MP3 是压缩率最高、音质最好的文件格式之一。

　　1）点播音乐

　　将音乐做成一个链接，只需用鼠标单击该链接，就可以听到动人的音乐了，这种方法很简单，举例如下。

```
<a href="音乐地址">乐曲名</a>
```

播放一段 MIDI 音乐的举例如下。

```
<a href="midi.mid">MIDI 音乐</a>
```

　　2）自动载入音乐

　　上文介绍的是如何借助链接实现网上播放音乐这一功能。该功能可以让音乐自动载入，也可以让音乐显示控制面板或作为背景音乐，基本语法如下。

```
<embed src="音乐文件地址">
```

3）IE 浏览器中的背景音乐

另外，存在一种插入背景音乐格式，但是该格式只有 IE 浏览器才支持播放，基本语法如下。

```
<bgsound src="音乐文件地址"loop=#>
```

#为循环数。

举例如下。

```
<bgsound src="sound.wav" loop=3>
```

10.11　帧标志

帧是由英文 Frame 翻译而来的，可以用来向浏览器窗口中装载多个 HTML 文件。每个 HTML 文件占据一个帧，而多个帧可以同时显示在同一个浏览器中，这些帧组成了一个最大的帧，也就是一个包含多个 HTML 文档的 HTML 文件（被称为主文档）。帧通常的使用方法是在一个帧中放置目录（可供选择的链接），并将 HTML 文件显示在另一个帧中。

1）<frameset></frameset>标志对

<frameset></frameset>标志对可以放在帧的主文档的<body></body>标志对的外边，也可以嵌入其他帧文档，还可以嵌套使用。<frameset>标志用来定义主文档中有几个帧及各个帧是如何排列的，有 rows 和 cols 属性，在使用此标志时这两个属性必须选择一个，否则浏览器只显示第一个定义的帧，剩下的一概不管，<frameset></frameset>标志对将不会起任何作用。rows 属性用来规定主文档中各个帧的行定位，而 cols 属性用来规定主文档中各个帧的列定位。rows 和 cols 属性的值可以是百分数、绝对像素值或星号。其中，星号代表未被说明的空间，如果同一个属性中出现多个星号，则将剩下的未被说明的空间平均分配。同时，所有的帧按照 rows 和 cols 属性的值先从左到右，再从上到下的顺序排列，示例如下。

<frameset rows="*,*,*">共 3 个按列排列的帧，每个帧占整个浏览器窗口的 1/3。

<frameset cols="40%,*,*">共 3 个按行排列的帧，第 1 个帧占整个浏览器窗口的 40%，另外 2 个帧平均分配剩下的空间。

<frameset rows="40%,*" cols="50%,*,200">共 6 个帧，先是在第 1 行中从左到右排列 3 个帧，再在第 2 行中从左到右排列 3 个帧，即 2 行 3 列，所占空间依据 rows 和 cols 属性的值，其中 200 的单位是像素。

2）<frame>标志

<frame>标志位于<frameset></frameset>标签对之间，用来定义某个具体的帧。<frame>标志有 src 和 name 属性，并且这两个属性都必须赋值。src 属性是帧的源 HTML 文件名（包括网络路径，即相对路径或网址），浏览器会在此帧中显示 src 属性指定的 HTML 文件；name 属性是帧的名称，用来供超文本链接标志<a href="" target="">中的 target 属性指定链接的 HTML 文件在哪个帧中显示。例如，定义了一个帧，名称是 main，在帧中显示的 HTML 文件名是 jc.htm，则代码是<frame src="jc.htm" name="main">，当您有一个链接，并单击这个链接后，文件 new.htm 将显示在名称是 main 的帧中，代码为<a href="new.htm" target="main">需要链接的文本</a>。这样一来，就可以在一个帧中建立网站的目录，加入一系列链接，当单击链接后在另一个帧中显示被链接的 HTML 文件。

此外，<frame>标志还有 scrolling 和 noresize 属性。scrolling 属性用来指定是否显示滚动轴，取值可以是 yes（显示）、no（不显示）或 auto（若需要，则自动显示；若不需要，则自动不显示）。noresize 属性直接添加到标志中即可使用，不需要赋值，用来禁止用户调整帧的大小。

3）<noframes></noframes>标志对

标志对也位于<frameset></frameset>标志对之间，用来在不支持帧的浏览器中显示文本或图像信息。在此标志对之间先紧跟<body></body>标志对，之后才是第 10.2～10.10 节中介绍的标签。

下面给出的是一个帧标志的综合示例。

【例 14】帧标志的综合示例。

首先，建立一个主文档。

```
<html>
<head>
<title>帧标志的综合示例</title>
</head>
<frameset cols="25%,*">
<frame src="menu.htm" scrolling="no" name="Left">
<frame src="page1.htm" scrolling="auto" name="Main">
<noframes>
<body>
<p>对不起，您的浏览器不支持帧！</p>
</body>
</noframes>
</frameset>
</html>
```

然后，分别建立 menu.htm、page1.htm 和 page2.htm，并将其保存在与主文档相同的目录中。

menu.htm 的内容如下。

```
<html>
<head>
<title>目录</title>
</head>
<body>
<p><font color="#FF0000">目录</font></p>
<p><a href="page1.htm" target="Main">链接到第一页</a></p>
<p><a href="page2.htm" target="Main">链接到第二页</a></p>
</body>
</html>
```

page1.htm 的内容如下。

```
<html>
<head>
<title>第一页</title>
</head>
<body>
```

```
<p align="center"><font color="#8000FF">这是第一页! </font></p>
</body>
</html>
```

page2.htm 的内容如下。

```
<html>
<head>
<title>第二页</title>
</head>
<body>
<p align="center"><font color="#FF0080">这是第二页! </font></p>
</body>
</html>
```

帧标志的页面效果图 10-11-1 所示。

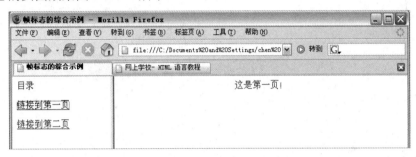

图 10-11-1　帧标志的页面效果

10.12　习题

一、选择题

1. 在下面的标签中，用来创建段落的标签是（　　　）。
   - A．<H1>
   - B．
   - C．<img/>
   - D．<p>

2. 在下列选项中，不属于文本标签属性的是（　　　）。
   - A．nbsp
   - B．align
   - C．color
   - D．face

3. 在 HTML 文档头部标签中，使用<meta>标签的 name 和 content 属性可以为搜索引擎提供信息。设置网页关键字的 name 属性值为（　　　）。
   - A．keywords
   - B．description
   - C．charset
   - D．expires

4. 在下列标签对中，用来定义 HTML 文档所要显示内容的是（　　　）。
   - A．<head></head>
   - B．<body></body>
   - C．<html></html>
   - D．<title></title>

5. 在下列选项中，没有对应尾标签的是（　　　）。
   - A．<title>
   - B．<body>
   - C．<html>
   - D．

6. <img>标签链接图片的属性是（　　　）。

    A．srt   B．alt

    C．width   D．height

7. 位于 HTML 文档的最前面，用于向浏览器说明当前文档使用哪种 HTML 或 XHTML 标准规范的标签是（　　　）。

    A．<!DOCTYPE>   B．<head><head/>

    C．<title></title>   D．<html></html>

8. 在下面选项中，可以将 HTML 页面的标题设置为"西北工业大学"的是（　　　）。

    A．<head>西北工业大学</head>

    B．<title>西北工业大学</title>

    C．<h>西北工业大学</h>

    D．<t>西北工业大学</t>

9. 在下面选项中，属于常见的图片格式并且能够做动画的是（　　　）。

    A．jpg 格式   B．gif 格式

    C．psd 格式   D．png 格式

10. 在下列选项中，字号最大的是（　　　）。

    A．<H1>   B．<H2>

    C．<H3>   D．<H4>

二、填空题

1. _____是英文 HyperText Markup Language 的缩写，即超文本标记语言，是一种用来制作超文本文档的简单标记语言。使用 HTML 编写的超文本文档被称为 HTML 文档，可以在各种操作系统平台（如 UNIX、Windows 等）上独立运行。

2. HTML 网页文件的标签是_____；网页文件的主体标签是_____；页面标题的标签是_____。

3. HTML 文档分_____和_____两部分。

三、简答题

总结 HTML 的常用标签并简述其语法和用途。

四、实验题

依据本章所学内容，制作一个简单的 HTML 网页。

第 11 章

动态网页技术

HTML 是编写网页的基本语言，只能用于静态网页。目前，Web 已经不再是早期的静态信息发布平台，已被赋予了更丰富的内涵。现在，我们不仅需要 Web 提供所需的信息，还需要其提供可个性化搜索的功能，用于收发电子邮件、进行网上销售，以及从事电子商务等工作。为实现以上功能，必须使用更新的网络编程技术编写动态网页。所谓动态，是指按照访问者的不同需要，对访问者输入的信息做出不同的响应，提供响应的信息。

动态网页技术的原理：首先，将使用不同技术编写的动态页面保存在 Web 服务器中，当客户端用户向 Web 服务器请求访问动态页面时，Web 服务器将根据用户所访问页面的后缀名确定该页面所使用的网络编程技术，并把该页面提交给相应的解释引擎；然后，解释引擎扫描整个页面找到特定的定界符，并执行位于定界符内的脚本代码，以实现不同的功能，如访问数据库、发送电子邮件、执行算术或逻辑运算等，并把执行结果返回 Web 服务器；最后，Web 服务器把解释引擎的执行结果、页面上的 HTML 内容，以及各种客户端脚本传送到客户端。虽然客户端用户所收到的页面与传统页面没有任何区别，但是实际上页面中的内容经过服务端处理，完成了动态的个性化设置。目前实现动态网页主要有 CGI、ASP、JSP 和 PHP。在介绍这几种动态网页之前，先介绍一种在网页中添加动态效果的技术：JavaScript。

11.1 JavaScript 的简介

JavaScript 是一种描述性的脚本语言（Script Language），可以非常自由地嵌入 HTML 的文件。使用 JavaScript 可以做什么呢？JavaScript 的作用很简单，就是对网页浏览者当前所触发的事件进行处理或对网页进行初始化工作。JavaScript 是事先在网页中编写好的代码（或"脚本"）。这些代码与 HTML 文件一起被传送到客户端的浏览器上，由浏览器对这些代码进行解释执行，在执行期间不需要服务器参与，可以减轻服务器的负担。

下面通过一个例子，编写 JavaScript 程序，说明 JavaScript 的脚本是如何嵌入 HTML 文档的。

test1.html 的内容如下。

```
<html>
<head>
<script language ="JavaScript">
// JavaScript Appears here.
alert("这是第一个 JavaScript 例子!");
alert("欢迎你进入 JavaScript 世界!");
alert("今后我们将共同学习 JavaScript 知识! ");
</script>
```

```
</head>
</html>
```

虽然 JavaScript 有很多优点，但由于现在网络上有许多基于脚本语言的病毒或恶意代码，许多新版的浏览器默认关闭了各种脚本语言，JavaScript 也在其中。另外，目前脚本语言都是基于 IE 内核开发的，虽然我国大部分上网用户使用基于 IE 内核的浏览器，但是国际上非 IE 内核的浏览器正在蓬勃发展。如果读者在自己的网页中使用了基于 IE 内核的脚本语言，那么非 IE 内核的浏览器将无法正常浏览此网页。因此，建议读者在设计动态网页时，尽量不要使用脚本语言，包括 JavaScript。

11.2　CGI 的简介

CGI（Common Gateway Interface，公用网关接口）可以被称为一种机制，可以使用不同的程序编写适合的 CGI 程序，如 Visual Basic、Delphi 或 C/C++等，先将已经写好的程序放在 Web 服务器的计算机上运行，再将运行结果通过 Web 服务器传输到客户端的浏览器上，通过 CGI 可以建立 Web 页面与脚本程序之间的联系，并且可以利用脚本程序来处理访问者输入的信息并据此做出响应。事实上，这样的编制方式比较困难且效率低，因为每修改一次程序都必须重新将 CGI 程序编译成可执行文件。

实用报表提取语言（Practical Extraction and Report Language，Perl）是较为常用的编写 CGI 程序的语言，具有强大的字符串处理能力，特别适用于分割处理客户端 Form 提交的数据串。用 Perl 编写的程序的后缀为.pl。

以下是一个简单的 CGI 例子 hello.pl。

```
#!/usr/bin/perl
$Hello="Hello,CGI"; #字符串变量
$Time=2;
print $Hello," for the",$Time,"nd time!","\n"; #输出一句话
# End hello.pl
```

上例的输出结果如下。

```
Hello,CGI for the 2nd time!
```

程序中第一个注释行具有特殊的含义，是 UNIX 操作系统中 shell 的一条指令，表示在命令提示符窗口上运行后面的命令。第一行是必需的，/usr/bin/perl 提供了 Perl 解释器的完整路径名。上例中的井号（#）为 Perl 中的注释字符。

CGI 调用数据库需要安装 DBI（DataBase Interface，数据库接口技术）。DBI 提供了基于 Perl 的标准界面，用于连接到各种不同的 SQL 引擎上。

以下是连接 Oracle 数据库的一个例子。

```
use DBI; #调用 DBI;
#以下 3 项是数据库名，调用数据库的用户名，密码
$dbname="dbi:Oracle:DBName";
$user="user";
$pass="pass";
#联系数据库
$dbh=DBI->connect($dbname,$user,$pss) || die "Error Connecting to database
\n";
```

```
#数据库查询
$tag=$dbh->prepare("SELECT * FROM 表名");
$tag->execute; #执行查询
die "Error:$DBI::err\n" if DBI::err; #出错判断
my(($col1,$col2); #定义只在本程序中（用 my 表示）有效的两个变量
while(($col1,$col2)=$tag->fetchrow) {
print "Column 1:$col1\n";
print "Column 2:$col2\n";
}
$dbh->disconnect or warn "Disconnection failed \n"; #断开与数据库的连接
```

CGI 技术已经发展得很成熟了，功能强大，新浪、网易、搜狐等网站的搜索引擎用的就是此技术。

11.3　ASP 的简介

ASP（Active Server Pages）是微软开发的一种类似于 HTML、Script 与 CGI 的结合体，没有专门的编程语言，而是允许用户使用包括 VBScript、JavaScript 等在内的许多已有的脚本语言来编写应用程序。ASP 在 Web 服务器端运行，将运行结果以 HTML 格式传送到客户端的浏览器中。因此，ASP 与一般的脚本语言相比，要安全得多。

与 CGI 相比，ASP 具有的优点是可以包含 HTML 标签，也可以直接存取数据库及使用无限扩充的 ActiveX 控件，因此在程序编制上要比 HTML 方便而且更富有灵活性。

ASP 应用了目前许多流行的技术，如 IIS、ActiveX、VBScript、ODBC 等，是一种发展较为成熟的网络应用程序开发技术，核心技术是对组件和对象技术的充分支持。通过 ASP 的组件和对象技术，用户可以直接使用 ActiveX 控件，调用对象方法和属性，以简单的方式实现强大的功能。

ASP 中较为常用的内置对象和组件如下。

- Request 对象：用来连接客户端的 Web 页（.htm 文件）和服务器的 Web 页（.asp 文件），可以获取客户端数据，也可以交换两者之间的数据。
- Response 对象：用来将服务端数据发送到客户端上，可以通过在客户端浏览器中显示用户浏览页面的重定向及在客户端上创建 cookies 等方式进行。Response 对象的功能与 Request 对象的功能恰恰相反。
- Server 对象：可以实现许多高级功能，也可以创建各种实例以简化用户的操作。
- Application 对象：应用程序级的对象，用来在所有用户之间共享信息，并在 Web 应用程序运行期间持久地保持数据。如果不加以限制，则所有客户都可以访问 Application 对象。
- Session 对象：为每个访问者提供一个标识，可以用来存储访问者的一些喜好，也可以跟踪访问者的习惯。在购物网站中，Session 对象常用来创建购物车（Shopping Cart）。
- 浏览器性能（Browser Capabilities）组件：可以确切地描述用户使用的浏览器类型、版本及浏览器支持的插件功能。使用浏览器性能组件能正确地裁剪出适合用户浏览器的 ASP 文件输出，使得 ASP 文件在 ASP 浏览器上能正常显示，并可以根据检测出的浏览器的类型来显示不同的主页。

- 文件系统对象（FileSystem Objects）：允许用户访问文件系统，处理文件。
- ADO（ActiveX Date Object）：数据库访问组件，是最有用的组件之一，可以通过 ODBC 实现访问数据库。
- 广告轮显（Ad Rotator）组件：专门为出租广告空间的站点设计的，可以动态地随机显示多个预先设定的 Banner 广告条。

以下是 ASP 通过 ADO 组件调用数据库并输出的例子。

```
<%@ LANGUAGE="VBSCRIPT"%>
<html>
<head>
<meta HTTP-EQUIV="Content-Type" content="text/html; charset=gb2312">
<title>使用 ADO 的例子</title>
</head>
<body>
<p align="center">所查询的书名为: <br>
<%
Dim dataconn
Dim datardset
Set dataconn=Sever.CreateObject("ADODB.Connection")
Set datardset=Sever.CreateObject("ADODB.Recordset")
dataconn.Open "library","sa","" "数据库为 library
datardset.Open "SELECT name FROM book",dataconn "查询表 book
%>
<%
Do While Not datardset.EOF
%>
<%=datardset("name") %><br>
<%
datardset.MoveNext
Loop
%>
</p>
</body>
</html>
```

ASP 技术有一个缺陷，即基本上局限于微软的操作系统平台。ASP 的主要工作环境是微软的 IIS 应用程序结构，而且 ActiveX 对象具有平台特性，所以 ASP 技术不能很容易地实现跨平台的 Web 服务器工作。

11.4 JSP 的简介

下面介绍一个小程序 HelloJsp.jsp。

```
<html>
<head>
<title>JSP 小程序</title>
</head>
<body>
```

```
<%
String Str = "JSP 小程序";
out.print("Hello JSP!");
%>
<h2> <%=Str%> </h2>
</body>
</html>
```

上例的结构虽然很像 ASP 程序，但是其是另一种流行的技术——JSP。上例的程序是较为基本、简单的例子。JSP（Java Server Pages）是由 Sun Microsystems 公司于 1999 年 6 月推出的新技术，也是基于 Java Servlet 及整个 Java 体系的 Web 开发技术。利用这种技术可以建立先进、安全和跨平台的动态网站。

总的来讲，JSP 和 ASP 在技术方面有许多相似之处。两者都是为基于 Web 应用实现动态交互网页制作提供的技术环境支持。同等程度上来讲，两者都能为程序开发人员提供实现应用程序的编写与自带组件设计网页从逻辑上分离的技术，而且两者都能替代 CGI 使网站建设与发展变得较为简单与快捷。不过两者来源于不同的技术规范组织，实现的基础——Web 服务器平台要求不相同。ASP 一般只应用于 Windows NT/2000 操作系统，而 JSP 则可以不加修改地在 85% 以上的 Web 服务器上运行，其中包括 Windows NT 操作系统，符合 "Write once, run anywhere"（"一次编写，多平台运行"）的 Java 标准，实现平台和服务器的独立性，而且基于 JSP 技术的应用程序比基于 ASP 的应用程序易于维护和管理。

JSP 技术具有以下的优点。

1）将内容的生成和显示分离

使用 JSP 技术，Web 页面开发人员可以通过 HTML 或 XML 标识来设计和格式化最终页面。同时，使用 JSP 标识或小脚本来生成页面上的动态内容（内容根据请求进行变化，如请求账户信息）。生成内容的逻辑被封装在标识和 JavaBeans 组件中，并且捆绑在小脚本中，所有的脚本在服务器端运行。如果核心逻辑被封装在标识和 Java Beans 组件中，那么其他人能够编辑和使用 JSP 页面，而不影响内容的生成。

在服务器端，JSP 引擎解释 JSP 标识和小脚本，生成所请求的内容（如通过访问 JavaBeans 组件，使用 JDBCTM 技术访问数据库，或者包含文件），并且将结果以 HTML（或 XML）页面的形式发送至浏览器。这有助于开发人员保护自己的代码，也能保证任何基于 HTML 的 Web 浏览器的完全可用性。

2）强调可重用的组件

绝大多数的 JSP 页面依赖于可重用的、跨平台的组件（JavaBeans 或 Enterprise JavaBeansTM 组件），执行应用程序所要求的更为复杂的处理。开发人员能够共享和交换执行普通操作的组件，或者使得这些组件为更多的使用者或客户团体所使用。基于组件的方法加速了总体开发过程，并且使得各种组织在现有的技能和优化结果的开发努力中得到平衡。

3）采用标识简化页面开发

Web 页面的开发人员不可能都是熟悉脚本语言的编程人员。JSP 技术封装了许多功能，这些功能是在易用的、与 JSP 相关的 XML 标识中进行动态内容生成所需要的。标准的 JSP 标识能够访问和实例化 JavaBeans 组件、设置或检索组件属性、下载 Applet 及执行用其他方法更难于编码和耗时的功能。

4）JSP 的适应平台更广

与 ASP 相比，JSP 的优越之处在于其跨平台性更强。几乎所有平台都支持 Java、JSP+JavaBean 组件，可以在所有平台下通行无阻。在 Windows NT 操作系统下，IIS 只需通过一个插件，如 JRUN 或 ServletExec，就能支持 JSP。著名的 Web 服务器 Apache 已经支持 JSP。由于 Apache 广泛应用在 Windows NT、UNIX 和 Linux 操作系统上，因此 JSP 有更广泛的运行平台。虽然现在 Windows NT 操作系统占了很大的市场份额，但是在服务器方面 UNIX 操作系统的优势仍然很大，而新崛起的 Linux 操作系统更是来势不小。从一个平台移植到另外一个平台，JSP 和 JavaBean 组件甚至不用重新编译，因为 Java 字节码都是标准的，并且与平台无关。

Java 中连接数据库的技术是 JDBC（Java Database Connectivity）。很多数据库系统具有 JDBC 驱动程序，Java 程序通过 JDBC 驱动程序与数据库相连，执行查询、提取数据等操作。Sun Microsystems 公司开发了 JDBC-ODBC Bridge，用此技术，Java 程序可以访问具有 ODBC 驱动程序的数据库。目前大多数数据库系统都具有 ODBC 驱动程序，所以 Java 程序能访问 Oracle、Sybase、MSSQL Server 和 MS Access 等数据库。

11.5   PHP 的简介

PHP（Hypertext Preprocessor，超文本预处理器）是一种易于学习和使用的服务器端脚本语言，也是生成动态网页的工具之一。PHP 是嵌入 HTML 文件的一种脚本语言。PHP 的语法大部分是从 C、JAVA、Perl 语言中借来的，并形成了自己的独特风格；目标是让 Web 程序员快速地开发动态的网页。PHP 是目前因特网上较为流行的脚本语言，只需很少的编程知识，就能建立一个真正交互的 Web 站点。

PHP 是完全免费的，可以不受限制地获得源码，甚至可以从中加入自己需要的特色。PHP 在大多数 UNIX 操作系统、GUN/Linux 和 Windows 操作系统上均可以运行。

PHP 与 ASP、JSP 类似，也可以结合 HTML 共同使用，并与 HTML 具有非常好的兼容性，使用者可以直接在脚本代码中加入 HTML 标签，或者在 HTML 标签中加入脚本代码，从而更好地控制页面，提供更加丰富的功能。

PHP 的优点：安装方便，学习过程简单；数据库连接方便，兼容性强；扩展性强；可以进行面向对象编程。

PHP 提供了标准的数据库接口，几乎可以连接所有的数据库，尤其与 MySQL 数据库的配合更是"天衣无缝"。下面通过一个调用 MySQL 数据库并分页显示的例子来加深对 PHP 的了解。

```php
<?
$pagesize = 5; //每页显示 5 条记录
$host="localhost";
$user="user";
$password="psw";
$dbname="book"; //所查询的库表名
//连接 MySQL 数据库
mysql_connect("$host","$user","$password")  or  die("无法连接 MySQL 数据库服务器！");
```

```php
$db = mysql_select_db("$dbname") or die("无法连接数据库！");
$sql = "select count(*) as total from pagetest";//生成查询记录数的 SQL 语句
$rst = mysql_query($sql) or die("无法执行 SQL 语句：$sql！"); //查询记录数
$row = mysql_fetch_array($rst) or die("没有更多的记录！"); //获取 1 条记录
$rowcount = $row["total"];//获取记录数
mysql_free_result($rst) or die("无法释放 result 资源！"); //释放 result 资源
$pagecount = bcdiv($rowcount+$pagesize-1,$pagesize,0);//计算共几页
if(!isset($pageno)) {
$pageno = 1; //在没有设置 pageno 时，默认显示第 1 页
}
if($pageno<1) {
$pageno = 1; //若 pageno 小于 1，则将其设置为 1
}
if($pageno>$pagecount) {
$pageno = $pagecount; //若 pageno 大于总页数，则将其设置为最后一页
}
if($pageno>0) {
//把$PHP_SELF 转换为可以在 URL 上使用的字符串，这样可以处理中文目录或中文文件名
$href = eregi_replace("%2f","/",urlencode($PHP_SELF));
if($pageno>1){//显示上一页的链接
echo "<a href="" . $href . "?pageno=" . ($pageno-1) . "">上一页</a> ";
}
else{
echo "上一页 ";
}
for($i=1;$i<$pageno;$i++){
echo "<a href="" . $href . "?pageno=" . $i . "">" . $i . "</a> ";
}
echo $pageno . " ";
for($i++;$i<=$pagecount;$i++){
echo "<a href="" . $href . "?pageno=" . $i . "">" . $i . "</a> ";
}
if($pageno<$pagecount){//显示下一页的链接
echo "<a href="" . $href . "?pageno=" . ($pageno+1) . "">下一页</a> ";
}
else{
echo "下一页 ";
}
//计算本页第 1 条记录在整个表中的位置（第 1 条记录为 0）
$offset = ($pageno-1) * $pagesize;
//生成查询本页数据的 SQL 语句
$sql = "select * from pagetest LIMIT $offset,$pagesize";
$rst = mysql_query($sql);//查询本页数据
$num_fields = mysql_num_fields($rst);//获取字段总数
$i = 0;
while($i<$num_fields){//获取所有字段的名称
```

```
$fields[$i] = mysql_field_name($rst,$i);//获取第 i+1 个字段的名称
$i++;
}
echo "<table border="1" cellspacing="0" cellpadding="0">";//开始输出表格
echo "<tr>";
reset($fields);
while(list(,$field_name)=each($fields)){//显示字段名称
echo "<th>$field_name</th>";
}
echo "</tr>";
while($row=mysql_fetch_array($rst)){//显示本页数据
echo "<tr>";
reset($fields);
while(list(,$field_name)=each($fields)){//显示每个字段的值
$field_value = $row[$field_name];
if($field_value==""){
echo "<td> </td>";
}
else{
echo "<td>$field_value</td>";
}
}
echo "</tr>";
}
echo "</table>";//表格输出结束
mysql_free_result($rst) or die("无法释放 result 资源！");//释放 result 资源
}
else{
echo "目前该表中没有任何数据！";
}
//断开连接并释放资源
mysql_close($server) or die("无法与服务器断开连接！");
?>
```

从上例可以看出，PHP 的语法结构很像 C 语言的，易于掌握。PHP 的跨平台特性让程序无论是在 Windows 操作系统，还是 Linux、UNIX 操作系统中都能运行自如。作者在 Windows NT 4.0 操作系统中编写的 PHP 程序后，再上传到 UNIX 操作系统中运行，未发现兼容性问题。

无论是在个人网站还是企业网站上，以上 4 种技术中 PHP 的应用较为广泛。

以上 4 种技术，在编写动态网页上各有优势，至于选择哪种技术，取决于开发人员的爱好和技术储备。对于广大个人主页的爱好者、制作者，建议尽量少采用难度较大、上手较慢的 CGI 技术；如果服务器选用的操作系统是 Windows Server，则采用 ASP 技术会比较合适；如果喜欢 Linux 操作系统，或者希望减少网站的投资，则采用 PHP 技术是一种恰当、明智的选择。此外，不要忽略了 JSP 技术，据说该技术是一种有发展前途的动态网站技术。但是，在学 JSP 技术之前，必须掌握 Java 技术。

11.6　习题

一、选择题

1. 下列动态网页和静态网页的根本区别描述错误的是（　　）。
   - A. 静态网页服务器端返回的 HTML 文件是事先存储好的
   - B. 动态网页服务器端返回的 HTML 文件是程序生成的
   - C. 静态网页文件中只有 HTML 标记，没有程序代码
   - D. 在动态网页中，只能有程序，不能有 HTML 代码

2. 下列不属于动态网页格式的是（　　）。
   - A. ASP
   - B. JSP
   - C. ASPX
   - D. VBS

3. 相对比较早出现的服务器端动态网页技术是（　　）。
   - A. ASP
   - B. CGI
   - C. JSP
   - D. JavaScript

4. 在下列语言编写的代码中，在浏览器端执行的是（　　）。
   - A. Web 页面中的 C#代码
   - B. Web 页面中的 Java 代码
   - C. Web 页面中的 PHP 代码
   - D. Web 页面中的 JavaScript 代码

5. 在下列关于静态网页和动态网页的描述中，错误的是（　　）。
   - A. 判断网页是静态网页还是动态网页的重要标志是看代码是否在服务器端运行
   - B. 静态网页不依赖数据库
   - C. 静态网页容易被搜索引擎发现
   - D. 动态网页不依赖数据库

6. 当用户请求 JSP 页面时，JSP 引擎会执行该页面的字节码文件来响应客户的请求。执行字节码文件的结果是（　　）。
   - A. 发送一个 JSP 源文件到客户端
   - B. 发送一个 Java 文件到客户端
   - C. 发送一个 HTML 页面到客户端
   - D. 什么都不做

7. 当多个用户请求同一个 JSP 页面时，Tomcat 服务器为每个客户启动一个（　　）。
   - A. 进程
   - B. 线程
   - C. 程序
   - D. 服务

8. CGI 的主要缺点是（　　）。
   - A. 功能不够强大
   - B. 开发困难，很难掌握
   - C. 数据库管理困难
   - D. 以上都不是

二、填空题

1. ＿＿＿＿＿＿＿是一种描述性的脚本语言（Script Language），可以非常自由地嵌入 HTML 文件。

2．超文本预处理器（Hypertext Preprocessor）简称为＿＿＿＿＿＿，是一种易于学习和使用的服务器端脚本语言，也是生成动态网页的工具之一。

三、简答题

1．简述动态网页技术的原理。

2．列举常见的 4 种动态网页技术并对比这些技术的优缺点。

四、实验题

结合第 10 章和第 11 章中的内容，完成简单的动态网页程序的开发。

附录 A

部分习题的参考答案

第 1 章习题

一、选择题

1．B 2．A 3．B 4．C 5．B 6．A 7．D 8．A 9．A 10．C

二、填空题

1．广播式网络　点对点网络

2．因特网

3．星型拓扑　环型拓扑　总线型拓扑

4．对等实体

第 2 章习题

一、选择题

1．A 2．C 3．C 4．D 5．A 6．C 7．A 8．C 9．A 10．D

第 3 章习题

一、选择题

1．C 2．A 3．A 4．D 5．C 6．C 7．D 8．B 9．D 10．B

二、填空题

1．IP 协议

2．IP 地址

3．TCP 协议　UDP

第 4 章习题

一、选择题

1．C 2．B 3．B 4．B 5．B

二、填空题

1. 动态分配 IP 地址

2. 50%

第 5 章习题

一、选择题

1. D　2. A　3. B　4. C　5. A　6. D　7. B　8. D　9. A　10. C

二、填空题

1. 域名

2. 递归查询　转寄查询（迭代查询）

第 6 章习题

一、选择题

1. D　2. A　3. C　4. B　5. B　6. A　7. B　8. C　9. C　10. D

二、填空题

1. HTML　HTTP　Web 服务器　Web 浏览器

2. 控制连接

3. 主动模式　被动模式

第 7 章习题

一、选择题

1. D　2. A　3. B　4. A　5. D　6. B　7. D　8. D　9. C　10. A

二、填空题

1. MVA　MTA

2. 发送 SMTP　接收 SMTP

3. POP3

第 8 章习题

一、选择题

1. B　2. D　3. C　4. B　5. A

二、填空题

1. 远程访问

2. 拨号远程访问方式　VPN 远程访问方式

第 9 章习题

一、选择题

1．D 2．A 3．B 4．D 5．C

二、填空题

1．因特网

2．路由器

第 10 章习题

一、选择题

1．D 2．A 3．A 4．B 5．D 6．A 7．A 8．B 9．B 10．A

二、填空题

1．HTML

2．<html></html> <body></body> <title></title>

3．文档头 文档体

第 11 章习题

一、选择题

1．D 2．D 3．B 4．D 5．D 6．C 7．B 8．B

二、填空题

1．JavaScript

2．PHP

参考文献

[1] 崔晓宁.计算机信息技术在互联网中的应用[J].河南科技，2021，40(04):35-37.

[2] 李斌滨,闻琪略.一种基于互联网技术的嵌入式信号采集系统[J].电子世界,2020(24):200-201.

[3] 张叶.互联网背景下嵌入式智能家居远控系统的设计与应用[J].数字通信世界，2020(11):135-136.

[4] 刘秋静.计算机信息技术在互联网中的应用探析[J].电子元器件与信息技术，2020，4(05):40-42.

[5] 杨威.计算机信息技术在互联网中的应用研究[J].电脑知识与技术,2020,16(11):9-10.

[6] 郭寅杰.RFID技术和互联网技术在考务工作中的运用探析[J].信息与电脑(理论版),2020,32(02):13-14+17.

[7] 李彩珊.物联网与移动互联网的融合发展研究[J].电信技术,2019(12):32-33+38.

[8] 高娟.浅谈计算机信息管理技术在网络安全中的应用[J].计算机产品与流通,2018(08):16.

[9] 刘承良.基于移动互联网的高职智慧校园建设关键技术研究[J].网络安全技术与应用，2017(10):102+110.

[10] 葛楠,张一春."互联网+"职业教育资源建设现状、挑战及对策[J].中国职业技术教育，2016(33):13-18+32.

[11] 李国仓."互联网+"时代的高等教育之"变"[J].现代教育管理,2016(10):55-60.

[12] 左贵华.互联网视角下的计算机信息技术应用[J].中国新通信,2016,18(18):124.

[13] 何晓政.互联网技术的研究与创新[J].电子技术与软件工程,2016(14):28.

[14] 李文艳.产业互联网背景下移动互联网趋势研究[J].中国新通信,2016,18(01):58.

[15] 龙兴国.互联网技术发展现状与前景[J].通信世界,2015(19):7-8.

[16] 房恩宏,肖丽虹.互联网技术与电信网技术研究[J].电子技术与软件工程,2014(07):46.

[17] 刘芳.通信及互联网技术在数据管理中的应用探讨[J].计算机光盘软件与应用，2013，16(12):283+285.

[18] 邹孟荪.浅议在网络安全认证中对 Kerberos 协议的改进[J].电脑知识与技术，2011，7(33):8182-8183+8185.

[19] 徐晋涛,冯增才.计算机专业实训教学的研究与探索[J].实验室科学,2010,13(06):121-122.

[20] 王岩.浅谈计算机中的自主教学[J].成功(教育),2010(04):113.

[21] 王泽德.浅谈基于计算机辅助教育的我国现代远程教育[J].吉林师范大学学报(自然科学版),2007(01):81-83.

[22] 阙建荣.嵌入式 Internet 体系结构研究[J].微型机与应用,2004(03):4-6.

[23] 刘舒天.浅谈计算机软件在教学方面的应用[J].现代企业教育,2012(07):51-52.

反侵权盗版声明

　　电子工业出版社依法对本作品享有专有出版权。任何未经权利人书面许可，复制、销售或通过信息网络传播本作品的行为；歪曲、篡改、剽窃本作品的行为，均违反《中华人民共和国著作权法》，其行为人应承担相应的民事责任和行政责任，构成犯罪的，将被依法追究刑事责任。

　　为了维护市场秩序，保护权利人的合法权益，我社将依法查处和打击侵权盗版的单位和个人。欢迎社会各界人士积极举报侵权盗版行为，本社将奖励举报有功人员，并保证举报人的信息不被泄露。

举报电话：（010）88254396；（010）88258888

传　　真：（010）88254397

E-mail：dbqq@phei.com.cn

通信地址：北京市万寿路 173 信箱

　　　　　电子工业出版社总编办公室

邮　　编：100036